驚きの星空撮影法

デジタル一眼と三脚だけでここまで写る!

谷川正夫

地人書館

はじめに

　私は，天体望遠鏡による星雲星団や彗星そして月，惑星，カメラレンズによる大型の天体や星空の風景写真である星景写真，流星，オーロラや日食，月食，国際宇宙ステーション，幻日などの大気現象……etc 星空をメインに大空にある対象はなんでも撮影することが大好きです．なぜか？ 実は自分でもよくわかっていないのですが，子どもの頃見た，アンドロメダ大銀河（M31）の写真にとても惹かれたことを覚えています．中学生になると，親にねだって買ってもらった一眼レフカメラ（もちろん銀塩）で，星座の撮影をしました．そして，あの憧れのアンドロメダ大銀河のアップをいつかは写真に収めることを胸に秘めていました．やっと撮影できたのは，就職して貯めたお金で，天体撮影向き望遠鏡を購入してからでした．そこから，星雲星団の撮影に目覚め，カラーの自家現像，自家プリントまで行なっていました．星雲星団撮影の魅力は，ほとんど見えないものを狙い，コントラストをつけてカラフルなプリントに仕上げるところです．望遠鏡の性能や赤道儀の精度にも左右されますので，納得のいく機材選びという視点でも，興味の尽きない趣味であると思います．

　比較的大きな散光星雲を撮影することが一番の楽しみでしたが，ひととおり有名どころを撮り終えたころに，アマチュア向けの天体撮像用冷却CCDカメラ（冷却CCDカメラでは慣例で撮像と呼びます）が登場しました．デジカメの先駆けですね．もう20年以上前のことです．当時の冷却CCDカメラは，CCDの面積が小さかったため，おのずと小さな系外銀河や球状星団などの撮影に力を入れるようになりました．これは，また少し違った天体撮影のジャンルで，銀塩時代には考えられなかったような天体画像の撮影が可能となり，のめり込みました．冷却CCD撮像は街明かりによる光害に強く，街中にあるマンションのベランダから撮影できるので，山間部への遠征を必ずしもしなくてもよく，晴れていれば夜な夜なベランダからの撮影に勤しんでいたものです．もちろん，暗い空での撮影の方がよく写るので遠征もしました．

　この冷却CCDカメラ発展の途上で，デジカメ時代の序章につながります．冷却CCDカメラでの撮影には，制御用のパソコン，それらや赤道儀を動かすための電源に20kg近くもの重量があるディープサイクルバッテリーを用意するなど，

冷却CCDカメラによるM33．

装備が大変です．その他，モノクロ冷却CCDカメラの画像をカラー化するために，RGB三色合成用フィルターも必要です．

　ところが，その後登場した天体撮影にも使えるデジタル一眼レフは，私には冷却CCDカメラ関連の重装備に代わる，1kgにも達しない，まとまったユニットというありがたい存在になりました．初期の頃のデジタル一眼レフは，天体撮影に使用するには問題が多く，美しい天体画像を作り上げるには，冷却CCDカメラが圧倒していました．しかし，今現在でも冷却CCDカメラの優位性は揺らいでいませんが，徐々に差が縮まってきて，利便性を考慮すると，私にとってはデジタル一眼レフのない天体撮影は考えられなくなりました．専門的な天体用冷却CCDカメラはとても高価なこともネックになっています．これは需要量に大差があるので致し方のないことです．冷却CCDカメラもフォーマットの大型化，高画素化の他，ノイズや感度についても技術の進捗がありますが，デジタルカメラはメーカー間の競争も相まってイノベーションが加速し続けていることが，目が離せない魅力にもなっています．

　というわけで現在に至っています．かつて，デジタルカメラは暗い所での撮影が不向きという懸念事項も，時が進むにつれ，高感度時や長時間露出時のノイズ対策が天体の撮影に適するまでに改善されました．拙著，『誰でも写せる星の写真』初版発行から3年が経ちましたが，出版当初の頃は，風景写真の対象が星空にも広がり，星空撮影が一般的に認知され始めた頃と重なります．そして今日に至るまでの間，デジタルカメラで撮影されたすばらしい星空の写真をインターネットや書籍で，ますますたくさん目にするようになりました．これは，デジタルカメラの進歩，特に目を見張るほどの高感度，ローノイズ化が，星空撮影の普及に大きく寄与していることは言うまでもないことでしょう．

　エントリー，ハイアマチュア，プロなどモデルによって違いますが，この3年で，常用できる最高ISO感度が1～2段ブラッシュアップされました．具体的には，ISO3200の最高感度が2段分上がり，ISO12800が実用可能な最高感度になったとしますと，たとえば，60秒必要だった露出時間が15秒で済むことになります．2段分とはいえ，元々長時間露出が必要な星空の撮影では，1/4にもなるこの時間短縮には大きな意義があります．露出中の待機時間が短くなれば，昼間の一般撮影に近い感覚で，次々と構図を変えて撮影することができるようになります．また，広角レンズの使用で，星を点像に近い状態で写し止めることができ，目で見た星空の再現が，カメラを三脚に固定しただけの固定撮影でできることになります．

本書のメインテーマは，最新デジタルカメラの超高感度特性に着目した，お手軽な「超固定撮影」による天体撮影法の解説です．三脚固定による，風景とともに星空を撮影する星景写真が市民権を得つつありますが，「超固定撮影」は星景写真と少し違います．天の川，アンドロメダ銀河のような大型の系外銀河，そして散光星雲などの星雲星団といった対象を星空から部分的に切り取って，カメラを三脚に固定しただけで，簡単に撮影しようという方法です．

　このような天体の撮影は，日周運動に対応して追尾する赤道儀という架台を使用して，長時間露出をかけて撮影するのが常識ですが，「超固定撮影」では赤道儀を必要としません．ただし，たくさんのコマを一気に撮影する必要があります．そして，撮影画像のパソコンによる画像処理が重要になります．超高感度撮影による画像の粗れを，多数コマコンポジット（合成）することによって滑らかにして，画質を改善してやるのです．

　『誰でも写せる星の写真』では，ビギナーを対象にした星空撮影法の解説本なので，撮って出しの画像強調などを施していない写真を掲載していましたが，本書では，「超固定撮影」法に必須の多数コマコンポジットを中心に，淡い天体画像を強調し，美しく表現するための画像処理と，それに必要な画像処理ソフトも紹介しています．

　今まで重量級の天体望遠鏡を使って本格的な天体撮影をしてこられた方に，お手軽な「超固定撮影」を試していただいたり，あるいは星空撮影を始めて間もない方に，この「超固定撮影」を入り口として，本格的でマニアックな天体撮影に進んでいただくことも逆説的にありかな，と思います．本書を読んで，新アイデアのひとつとして，お気軽な「超固定撮影」によるディープな星空の撮影を楽しんでいただけたら，私にとって大きな幸せです．

「超固定撮影」による小マゼラン雲．

目次 CONTENTS

はじめに ……………………………………………………… 3

■これまでの天体写真撮影方法を振り返る
　1970年代の天体撮影スタイル「モノクロ時代」………………… 10
　1980〜90年代の天体撮影スタイル「カラー時代」……………… 12
　現在の撮影スタイル「デジタル時代」…………………………… 14

■固定撮影で凄い星空が写せる〈カラー作例〉……………………… 17

■固定撮影で凄い星空が写せる
　カメラ三脚だけの固定撮影 ……………………………………… 26
　常用高感度短時間露出で星空撮影 ……………………………… 30
　常用高感度の画質 ………………………………………………… 32
　常用高感度短時間露出撮影のカメラ設定 ……………………… 35
　RAWで撮ろう …………………………………………………… 36
　星空撮影法の入門書 ……………………………………………… 38
　風景とともに撮る ………………………………………………… 39
　美しい星空の下で心に残る1枚を ……………………………… 40

■「超固定撮影」でもっと凄い星空が写せる！〈カラー作例〉…… 41

■「超固定撮影」でもっと凄い星空が写せる！
　「超固定撮影」って何？ ………………………………………… 50
　ガイド撮影と超固定撮影の画質比較 …………………………… 51
　多数コマコンポジットによる画質改善 ………………………… 52
　「超固定撮影」のカメラ設定 …………………………………… 53
　星を点像に写す露出時間 ………………………………………… 54
　極に近いほど星は伸びない ……………………………………… 58
　星は西にずれて写る ……………………………………………… 60
　どこまで使える？ 超高感度 …………………………………… 62
　「超固定撮影」で星雲星団を狙う ……………………………… 64
　星雲星団を探すためのガイドブック …………………………… 68
　広角レンズによる歪みの影響 …………………………………… 69
　世界中どこでも赤道儀なしで凄い星空撮影 …………………… 70
　南半球での星空撮影に役立つ本 ………………………………… 71

■パソコンで美しく仕上げる方法〈カラー解説〉………………… 73

■パソコンで美しく仕上げる方法
　　画像処理あっての天体写真　　　　　　　…………………………82
　　カメラに付属のRAW現像ソフト　　　　　…………………………84
　　フォトレタッチソフトの定番 フォトショップ　………………………88
　　フリーソフトのフォトショップ GIMP 2　　…………………………90
　　「多数コマコンポ」は天体専用画像処理ソフトで！　………………92
　　多数コマコンポジットをするには？　　　　…………………………93
　　ダーク補正とは？　　　　　　　　　　　　…………………………95
　　フラット補正とは？　　　　　　　　　　　…………………………96
　　天体画像処理ソフトの定番 ステライメージ7　………………………98
　　フリーの天体画像処理ソフト DeepSkyStacker　…………………102

■赤外改造デジタルカメラの世界・星空撮影のおもしろい表現方法〈カラー作例〉…105

■赤外改造デジタルカメラの世界
　　天体撮影の醍醐味　淡い散光星雲を狙う　　…………………114
　　赤外改造（赤外カットフィルター換装改造）とは　………………115
　　無改造デジタルカメラと赤外改造デジタルカメラ　………………116

■半手持ち撮影で手軽に星空を写そう
　　星空が半手持ちで写せる最新デジタル一眼レフ　………………120
　　三脚を使わない撮影方法　　　　　　　　…………………………121
　　F値の小さい明るい広角レンズを使う　　…………………………122
　　半手持ち撮影のカメラ設定　　　　　　　…………………………123
　　半手持ちによる夏の天の川撮影の露出例　………………………124
　　エントリーモデルで半手持ち撮影　　　　…………………………126

■中古レンズの復活
　　ちょっと古いカメラレンズを使う　　　　…………………………128
　　明るいマニュアルフォーカスレンズ　　　…………………………129
　　マウントアダプターで他社製レンズを取り付ける　………………132

■星空撮影のおもしろい表現方法
　　星空を連写して楽しむ　　　　　　　　　…………………………134
　　比較明合成・タイムラプス動画　　　　　…………………………135
　　星空をバックに接写する　　　　　　　　…………………………138
　　円周魚眼レンズで星空撮影　　　　　　　…………………………141

おわりに　　　　　　　　　　　　　　　　　　…………………………142

これまでの
天体写真撮影方法を
振り返る

■カメラが一般家庭にも普及し始めた1960年代以降,天体写真愛好家により星空へもカメラが向けられるようになりました.天体撮影のスタイルがどのように変遷してきたのか,時代を追ってみることにしましょう.

「手動ガイド」の撮影風景．ガイド望遠鏡を覗きながら微動ハンドルで追尾します．

📷 1970年代の天体撮影スタイル「モノクロ時代」

　カメラが普及するとともに，天文を趣味としたり天体観測をする人たちにより，天体写真が多く撮られるようになります．1970年代にはもちろん現在のようなデジタルカメラは存在せず，銀塩フィルムをカメラに装填して撮影を行いました．

　一般撮影にはカラーフィルムも使われ始めていましたが，まだ感度が低く，星空を撮るにはたいへん長い露出時間がかかりました．天体撮影用には，モノクロフィルムのコダックトライXが，ASA400（感度を表すISOを当時はASAと呼んでいました）の感度があり，パンドールという増感現像液で現像することが定番でした．他に感度の高いフィルムとしては，富士フイルムのネオパンSSS（ASA200）が入手しやすくよく使われました．

　その後，マニアの間では，天文台で使用されていたコダックの103aシリーズ（特に103aE）という天体撮影専用に開発されたフィルムがアマチュア用にも入手できるようになり，天体写真ファンの間で人気を集めました．暗い天体を写すための高感度フィルムに増感現像は，粒子が粗れてあまり美しくありませんでしたが，かつては淡い天体が写るということだけで満足できた時代でした．

　とにかくフィルムの感度があまり高くないので，暗い星空を撮るためには，数十

これまでの天体写真撮影方法を振り返る

分の長い露出時間が必要でした．しかし，日周運動で星は東から西へ動いていきますので，カメラ三脚に固定しただけでは星は流れて写ります（13ページ下の写真）．星を目で見たように点像に写したい場合には，日周運動に対応して動かせる赤道儀という架台にカメラを載せて撮影しなければなりません．この当時は，アマチュア向けの小型赤道儀も販売されるようになり，天体写真撮影入門への敷居が低くなってきた時代でもあります．

日周運動で動く星を赤道儀で追尾して天体を撮影することを「ガイド撮影」といいますが，この頃は追尾用モーターが高価で，微動ハンドルを手で回して追尾する「手動ガイド」が一般的でした．ガイド望遠鏡の十字線入りアイピースの交点からガイド星をはずさないように，慎重に微動ハンドルを操作するのです．1枚の天体写真を撮るのに，たいへんな労力を必要とする撮影スタイルでした．

1970年代の赤道儀（架台）．星の追尾用モーターはなく手動ハンドルで星を追いかけます．

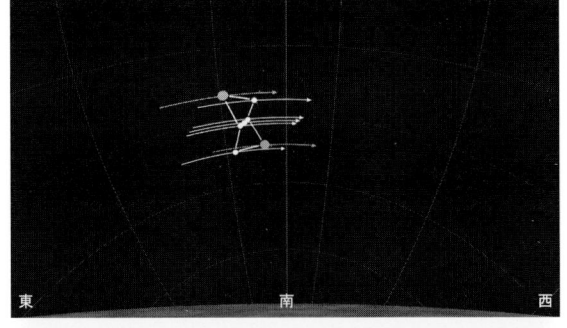

地球の自転によって，星は東から西へ動きます（日周運動）．星を点像に写すためには，赤道儀でこの動きに合わせないといけません．

「手動ガイド」で撮影した天体写真．天の川銀河中心方向．1975年9月撮影．コダック103aEフィルム使用．

📷 1980〜90年代の天体撮影スタイル「カラー時代」

1986年のハレー彗星回帰が起爆剤となり，バブル時代で景気がよかったことも相まって，高価な天体望遠鏡がたくさん売れるようになりました．それに伴って天体写真撮影も趣味として一気に広まりました．ハレー彗星回帰を前にしてISO1600の高感度カラーネガフィルムが発売され，天体撮影がより身近なものとなりました．1987年には，もっと高感度のISO3200フィルムも登場します．

比較的短い露出時間で淡く暗い天体が写せるため，天体撮影に威力を発揮する超高感度フィルムは，一時期一世を風靡し，天体写真を楽しむ人たちが一気に増えました．しかし，フィルム感度が高くなるとともに粒状性が悪くなるという副作用もあり，天体を撮影することにおいての課題となっていました．

天体写真をマニアックに追求する人たちの中には，この荒い粒状性のザラザラ感を嫌い，美しい天体写真を得るために高感度フィルムは使わず，あえて粒状性のよいISO100から400程度の感度のフィルムを使用して，1時間にもおよぶ長時間露出に挑戦していました．モノクロフィルムでは，超微粒子のコダックテクニカルパン2415を水素増感して撮影した，粒状感なく感度も高い（相反則不軌のない）とても美しい天体写真が天文雑誌上では見られました．中判カメラで画質の向上を狙うといったことも行われています．

この頃には，赤道儀で星を追尾するのは「手動ガイド」ではなくなっています．赤道儀には追尾用のモーターが内蔵あるいは同時に購入するのが普通で，自動追尾

「ノータッチガイド」の撮影風景．赤道儀に内蔵されたモーターが星を自動追尾します．

「半自動ガイド」の機材．モーター内蔵の赤道儀に，ガイド望遠鏡と望遠レンズを装着した一眼レフカメラを平行に取り付けています．

これまでの天体写真撮影方法を振り返る

による赤道儀まかせの「ノータッチガイド」になりました．赤道儀に触ることはなく，露出時間の終了までするとがないので，双眼鏡などで星空を眺めることに時間を使うことができます．

　ただし，広角レンズでの星座や天の川の撮影では追尾にほとんど問題ありませんが，望遠レンズや天体望遠鏡の直焦点撮影で焦点距離が長くなると，わずかな追尾エラーが発生すると星が点像に写りません．精度のよい追尾が求められるため，ガイド望遠鏡を覗いてモーターコントローラの微動修正ボタンで手動修正するという「半自動ガイド」という方法で撮影していました．「半自動ガイド」では「手動ガイド」ほどの忍耐は必要としませんが，それでもガイド望遠鏡での監視はしなければならず，ある程度労力を必要とする撮影スタイルです．赤道儀の高精度に期待を寄せて，数十分の露出までなら「ノータッチガイド」を敢行する方法もありました．

「半自動ガイド」による天体写真．ばら星雲．1987年10月撮影．20分露出．コニカカラーGX3200（ブローニー）．マミヤM645．タカハシFC-100．90S赤道儀．

固定撮影の長時間露出による星の光跡．1990年11月撮影．フジクローム400D．ニコンFG．八ヶ岳にて．

13

「オートガイド」の撮影風景．ガイド望遠鏡にオートガイダーを取り付けることにより，正確なガイド撮影がオートガイダーまかせでできます．

📷 現在の撮影スタイル「デジタル時代」

　天体撮影用デジタル機器としては，1990年代中頃から冷却CCDカメラがフィルムカメラに代わるものとして，天体撮影マニアに広がっていきました．これはノイズの発生を撮像素子の冷却によって減らす機能をもったカメラです．ただ，100万円を超える価格のものもあり，気軽に購入できるものではありません．また，パソコンや電源が必要になるため，写りのすばらしさに引き換え，機材としてハンディーとはいいがたいものでもあります．一般用のデジタルカメラが天体撮影にも使えればよかったのですが，草創期のデジタルカメラは，長時間露出をした場合や高感度撮影時にノイズが盛大に発生し，天体撮影には不向きでした．しかし，この欠点も日進月歩で改善され，今では長時間露出が可能となり，高感度特性も飛躍的によくなったため，超高感度設定のできるデジタルカメラが多くなりました．

　銀塩フィルムの供給が縮小され，現在，時はまさにデジカメ時代となりましたが，天体撮影においてもデジカメの普及によって，その便利さから裾野が広がり，多くの人が星空の写真を撮るようになりました．

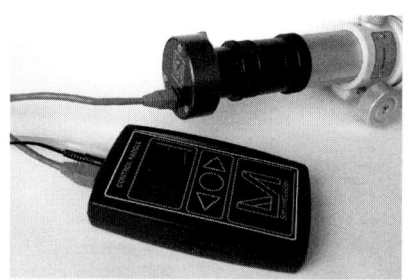

オートガイダーの例．ガイド望遠鏡はガタのないように取り付けます．制御用のパソコンを必要とするタイプとこのようなスタンドアローンタイプがあります．

これまでの天体写真撮影方法を振り返る

　マニアックな天体撮影法としては、「半自動ガイド」から「オートガイド」に進化しました。「半自動ガイド」として人が手動修正していた作業を、オートガイダーにまかせてしまうのです。人の目を小型CCDカメラに置き換え、星のわずかな動きをとらえて、電気的に自動で赤道儀のモーターを微動させて修正する装置です。このオートガイダーによって、望遠レンズや長焦点レンズでも長時間のオートガイドが可能になり、正確に星を点像に写し止めることができるようになりました。時々修正状態をモニターするだけでよく、撮影はオートガイダーまかせで、その間、天体観望に集中でき、ほとんど撮影中に労力を必要としないスタイルです。

コンパクト赤道儀。小型で持ち運びに便利です。高感度特性に優れたデジカメに最適のアイテムです。

　広角レンズから中望遠レンズまででしたら、大掛かりな赤道儀やオートガイダーも必要なく、持ち運びに便利なコンパクト赤道儀で十分撮影ができます。これは、高感度特性に優れたデジカメが多く登場してきた賜物でもあります。かつての銀塩フィルム時代のように長時間露出をする必要がなく、短時間で露出を済ませることができるため可能となりました。

　ペンタックスのデジタル一眼レフにオプションとして用意されているGPSユニット（O-GPS1）は、位置情報の記録だけでなく、カメラ本体に内蔵された手ぶれ補正機能と連動して天体の追尾撮影が行える「アストロトレーサー」機能を持っています。三脚だけの固定撮影ですが、ガイド撮影の一種とも言え、GPSで得られた位置情報から日周運動による星の動きを計算して撮像素子を移動させ、星を点像に写し止めることができるのです。このような星空撮影のための機能を持ったデジカメが登場したことをみても、「天体撮影」が一般的に認知されつつある証ではないでしょうか。

　デジカメの中でもデジタル一眼レフについては、高感度特性が近年ますますよくなっています。常用できる最高感度を使えば、広角レンズでの撮

ペンタックスのGPSユニット（O-GPS1）。「アストロトレーサー」機能によって、簡易追尾撮影ができます。

影ならば，赤道儀を使用しない固定撮影で，日周運動による星の動きが気にならない短時間露出での星空撮影が可能になりました（25ページから解説）．

また，最近発売のデジタル一眼レフには，ISO感度25600以上の超高感度でもノイズで画像が埋もれてしまうようなことのない機種があります．このような超高感度対応カメラを使えば，本書でメインに解説している「超固定撮影」法（パソコンによる多数コマコンポジット画像処理を含めた撮影法）で，かつて銀塩フィルム時代に苦労して撮影していた天体写真が，カメラ三脚だけの固定撮影で行えるようになりました（49ページから解説）．

「超固定撮影」法は，超高感度が使えるデジタル一眼をカメラ三脚に固定しただけで撮影できます．

「超固定撮影」法による天体写真．さそり座H12付近．3.2秒露出×25コマコンポジット（加算平均）．ISO25600．キヤノンEOS 6D（赤外改造）．キヤノンEF200mmF2.8開放．

固定撮影で凄い星空が写せる 〈カラー作例〉

南十字星から大・小マゼラン雲
キヤノンEOS 5D MarkⅡ　キヤノンEF24mm F1.4→F2　ISO6400　15秒露出　西オーストラリア州にて

ピナクルズの夜空
キヤノンEOS 6D(赤外改造),キヤノンEF8-15mm F4→15mm,開放,ISO3200,30秒露出,西オーストラリア州にて.

座間味島の夜空
キヤノンEOS 5D MarkⅡ．シグマ24mm F1.8→F2.8．ISO2500．30秒露出．沖縄・座間味島にて．

木立越しの天の川
キヤノンEOS 6D(赤外改造).ニッコール50mm F1.2→F2.8.ISO6400.8秒露出.
愛知県豊田市稲武にて.

モルディブの夜明け
キヤノンEOS 6D．キヤノンEF24-105mm F4→24mm．開放．ISO5000．20秒露出．
モルディブ・エンブドゥにて．

固定撮影で凄い星空が写せる

■高感度化されたデジタル一眼レフの普及が,星空撮影に親しむ人が増えできた理由のひとつでもあります.三脚にカメラを固定しただけで,美しい星空が撮影できてしまいます.ここでは,固定撮影のコツを紹介しましょう.

冬の天の川と木星.愛知県豊田市稲武にて.
キヤノンEOS 5D MarkII.シグマ24mmF1.8→F2.8.15秒露出.ISO6400.

固定撮影はカメラ三脚にカメラを固定するだけでできる，もっとも簡単な星空撮影法です．

📷 カメラ三脚だけの固定撮影

　「これまでの天体写真撮影方法を振り返る」の章で紹介したように，露出をたっぷりかけなければならない天体撮影では，日周運動で東から西へ動く星を点像に写し止めるために赤道儀という架台を使用します．また，カメラ三脚にカメラを固定して撮影する固定撮影では，日周運動による星の光跡を残すことができます……．というのが「デジタル時代」より前の天体撮影の常識でした．しかし，今注目したいのはデジタル一眼レフの高感度化により，赤道儀を使わなくても三脚固定だけで，日周運動によって流れることがほとんどない星空が撮れるようになったことです．

北にカメラを向けて星空を固定撮影すると，北極星の周りを回る光跡を描きます．

固定撮影で凄い星空が写せる

北東方向へカメラを向け，昇る星々を撮影しました．積乱雲とともに稲光も写って，星の光跡が雨のよう？に見えます．

星も風景も流れない写真

　フィルム時代の三脚固定撮影では，長い露出時間を必要とするため，星はどうしても流れて写りました．北極星周りの日周運動は美しい同心円を描くので，作画意図を持って狙うにはおもしろい対象です．しかし，東から昇るあるいは西へ沈む星は斜めの光跡を描きます．これが，固定撮影で写された星の写真を見たことのない人にとっては意味不明だったようで，かつて，「これは雨ですか？」と質問されたこ

固定撮影．風景は止まっていますが，星は日周運動で流れます．

とがありました．このとき，星の写真が星に見えていないことにショックを受けました．

それとは逆に，赤道儀を使ったガイド撮影では，星は点像になりますが，風景は流れて写ります．固定，ガイド撮影どちらの撮影方法でも，これらは長い露出時間をかけている限り，星か風景かどちらかが流れてしまうことになります．それ以来，止まった風景とともに星は星らしく点像に写す方法はないものかと思案してきました．デジカメの登場によって期待をしましたが，初期のデジカメは天体撮影に向いていなかったため，撮像素子と映像エンジンの技術向上により天体撮影にも使えるカメラへの進化が待たれました．

コンパクト赤道儀に星景撮影モードが搭載されている機種も登場しました（詳細は囲み参照）．これは，風景も星もどちらも止まったように写したいという願望から考えられたものですが，惜しむらくは，実際にはどちらも僅かに流れて写ってしまうということです．

そしてついに，長年の懸案が可能となる時がきました．フィルムや初期のデジカメでは実現が難しかった，風景と点状に近い星像の同時表現が，高感度デジカメの登場でできるようになったのです．

■コンパクト赤道儀の星景撮影モードとは？

星を点像に写し止める追尾撮影が手軽に楽しめるコンパクト赤道儀には，星景撮影モードを搭載したものがあります．これは，1/2星景撮影モードとか0.5倍速モードという追尾モードで動作させる機能です．日周運動の半分のスピードで赤道儀を動かすことによって，星と風景どちらも流れるわけですが，どちらも流れる度合いを半分にし，止まっているように写そうという機能です．

手軽に使えるコンパクト赤道儀には，星景撮影モードで撮影できるものがあります．

コンパクト赤道儀の追尾モード設定ダイヤル．星追尾モードはもちろん，1/2星景撮影モードがあります．

固定撮影で凄い星空が写せる

ガイド撮影．星は点像ですが風景は流れます．

高感度固定撮影．星は点状に近く，風景は流れません．

カシオペヤ座からはくちょう座の天の川．西表島にて．固定撮影．キヤノンEOS 6D．シグマ15mmF2.8．30秒露出．ISO4000．

常用高感度短時間露出で星空撮影

　デジカメの高感度化が，淡く暗い星空を撮影するために大きく貢献してくれるのですが，ISO感度の上げすぎはノイズが増えて画質が落ちてしまいます．画質をあまり損なわず短時間露出で星空を撮影するためには，どれくらいのISO感度にしたらよいのでしょうか？

常用ISO感度と拡張（増感）ISO感度

　ISO感度の限度をどれくらいにするかは，人それぞれの好みによっても違ってきますが，目安として常用ISO感度内であれば，高感度にしても大きな不満とはならない画質と考えてよいでしょう．それ以上の超高感度として，たとえばキヤノンのカメラでは「感度拡張」，ニコンのカメラでは「増感」と仕様に表記されているISO感度は，画質の悪化が大きく常用としてはあまり使いません．カメラメーカーによっては，拡張とか増感の表記がないカメラもあります．そのようなカメラは，設定できる最高ISO感度から1段から2段下げた感度が常用感度になる場合が多いようです．

固定撮影で凄い星空が写せる

　最新のデジタル一眼レフでは，エントリーモデルでもISO6400から12800が常用最高感度となっている機種もあります．これくらいの高感度をもったカメラであれば，短時間露出による星空の撮影が可能となり，広角レンズ使用で，星々をかなり点状に近い状態に写せます．

　常用ISO感度の範囲内であっても，上限いっぱいの最高感度では，写った画像のシャドー部分，天体撮影では星空の背景部分に特にノイズが目立つようになります．したがって，最高感度は使いたいものの，やはりノイズが少なく粒状感の目立たないなるべく滑らかな画質を目指したいという場合には，常用ISO感度内の最高感度からさらに1段か2段下のISO感度に設定するとよいでしょう．たとえば常用ISO感度の最高がISO12800ならば，できれば2段下のISO3200で使うのが望ましく，上げてもISO6400までにとどめておくのがよいかなと思います．テスト撮影をして，感度を上げてもなるべく画質が悪化しない，常用できる最高感度を知っておきましょう（※49ページから紹介する「超固定撮影」では，画質改善のための多数コマコンポジットを前提としますので，常用最高感度を使用します）．

ニコンD5300のISO感度設定画面．

キヤノンEOS Kiss X7のISO感度設定画面．

キヤノンEOS 6DのISO感度設定画面．

常用高感度の画質

高ISO感度の画質をカメラ別に比較しました．どの機種も高感度のノイズは少なく，撮像素子及び映像エンジンの進歩を感じます．すべて高感度ノイズ低減「標準」に設定して撮影しています．

ニコンD5300

ニコンD5300

ニコンのエントリーモデル，D5300の常用高感度です．ISO3200, 6400を並べました．APS-Cサイズ，2416万画素．エントリーモデルであっても高感度のノイズは少ないです．

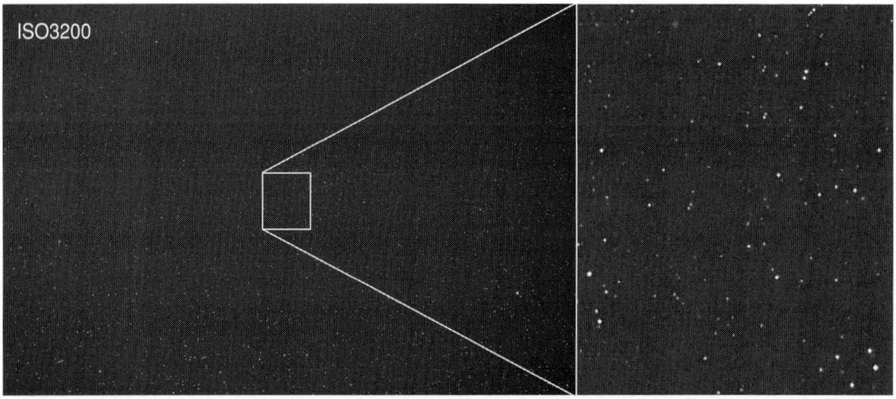

ISO3200

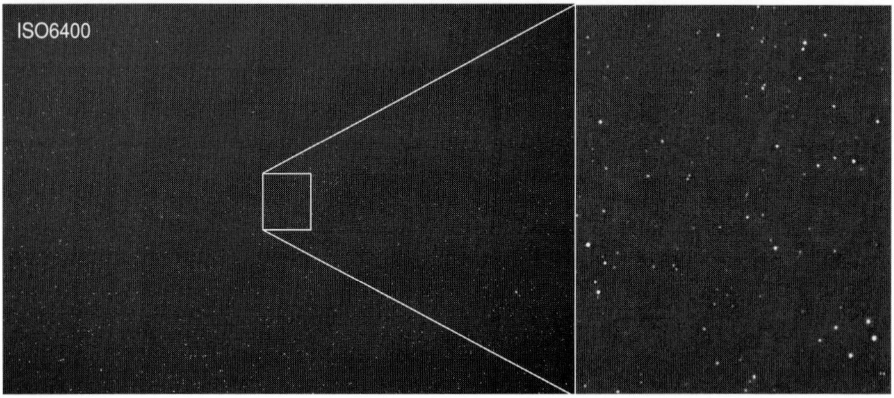

ISO6400

固定撮影で凄い星空が写せる

キヤノンEOS Kiss X7

キヤノンEOS Kiss X7

キヤノンのエントリーモデル，EOS Kiss X7の常用高感度です．ISO3200，6400を並べました．APS-Cサイズ，1800万画素．エントリーモデルであっても高感度のノイズは少ないです．

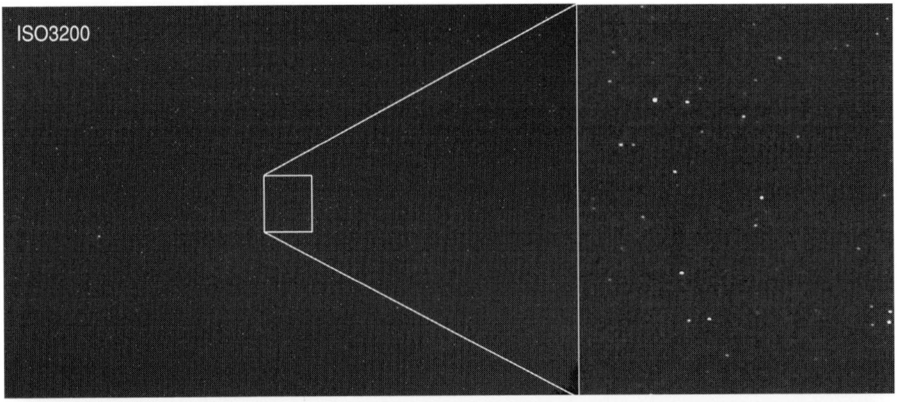

ISO3200

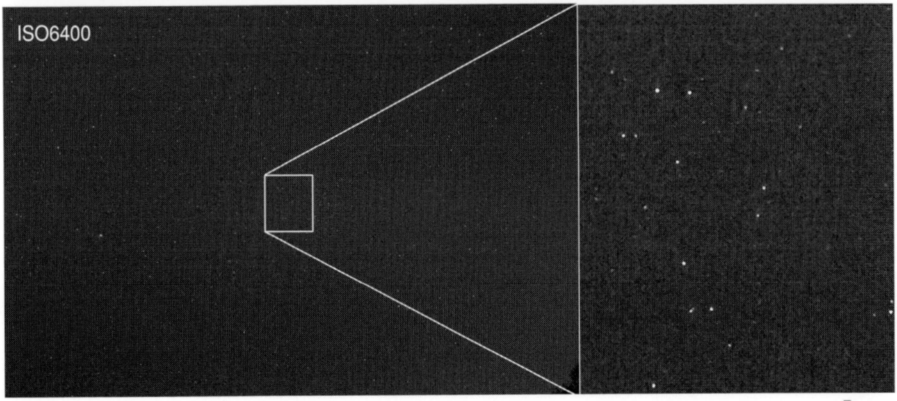

ISO6400

キヤノンEOS 6D

　キヤノンのハイアマチュアモデル，EOS 6Dの常用高感度です．ISO3200，6400を並べました．フルサイズ，2020万画素．ハイアマチュアモデルであり高感度のノイズは極めて少なく，天体撮影に向いています．

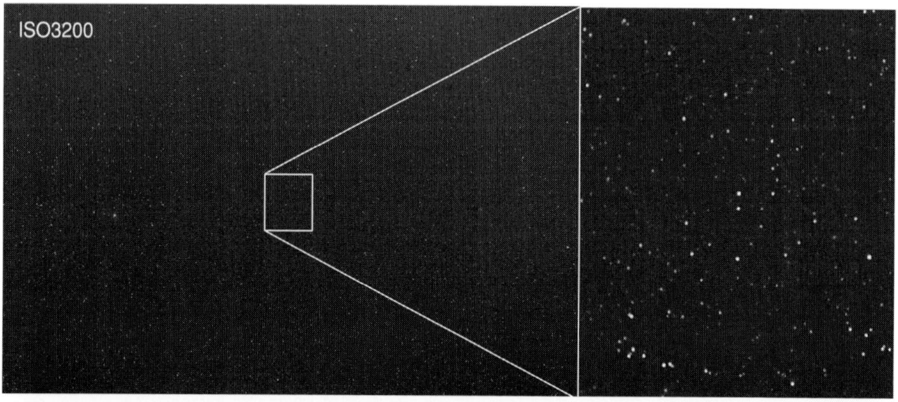

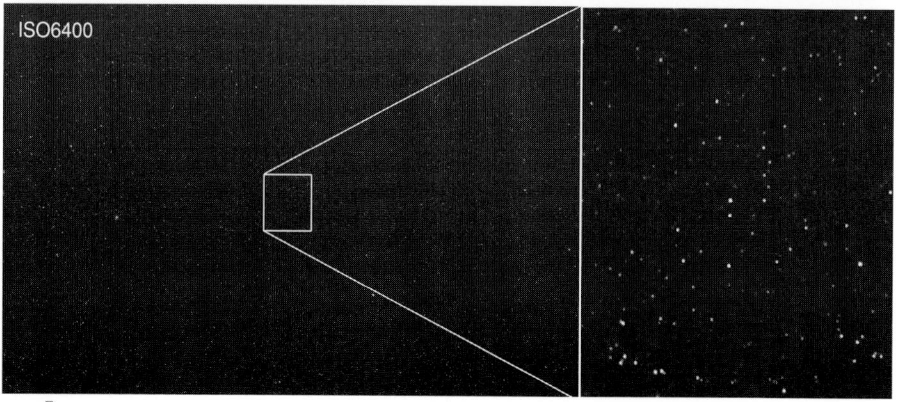

キヤノンEOS 6D

ISO3200

ISO6400

固定撮影で凄い星空が写せる

📷 常用高感度短時間露出撮影のカメラ設定

常用高感度使用時の露出時間

　月明かりがなく，天の川がよく見える，夜空がとても暗い条件のよいところで，天の川を写すための露出設定は，ISO3200，絞りF2.8，露出時間は30秒くらいが目安になります．同じ夜空の条件で絞りがF4の場合，ISO6400にするか露出時間を60秒にすることになりますが，60秒は広角レンズでも星が線状になりますので，ISO6400にして，露出時間を30秒にするとよいでしょう．海外に行くと，日本ではなかなか見られない暗い夜空に出会うことがあります．そのようなときは，ISO感度を上げるか，F値の明るいレンズを使う必要があります．街明かりに近いなどの理由で夜空の条件が悪くなれば，露出時間を短くしたり，ISO感度を低くして対応します．

カメラ背面モニターの露出設定画面．

ノイズ低減機能

　高感度撮影時のノイズ低減機能もうまく使って，ノイズを目立たなくしましょう．この設定はカメラにもよりますが，「標準」か「弱」でよく，「強」にするとディテールが損なわれ，星像にシャープ感がなくなる場合があります．

高感度撮影時のノイズ低減設定画面．

ノイズ低減「しない」に設定．キヤノンEOS 6DでISO6400の場合です．画質にザラザラ感があります（部分拡大）．

ノイズ低減「標準」に設定．キヤノンEOS 6DでISO6400の場合です．ノイズが目立たないよう処理されています（部分拡大）．

RAWで撮ろう

ホワイトバランスと明るさの救済ができる

　デジタルカメラで一般的に使われているJPEG（ジェイペグ）というファイル形式は，撮影後，メモリーカードに保存される時点で，明るさやホワイトバランスなどがカメラ設定通りに記録され，後のパソコンでの画像調整であまり融通が利きません。しかし，RAW（ロウ）形式で保存しておくと，パソコンでの画像調整で画質をあまり損なわず，ホワイトバランスや明るさ（露出補正）を変えることができます。

　特に暗夜の天体写真の場合には，その特殊性から，夜空の色が適切に表現されない場合があります。そんな時，パソコンのRAW画像を扱えるソフトによるホワイトバランス調整で，夜空の背景の色が自然に見えるような色にしたり，ニュートラルグレイにしたりすることができます。また，露出補正で露出不足やオーバーを救うことができます。ただし，白飛びと黒つぶれのない範囲内に限られます。その他にコントラストやシャープネス，レンズ収差の補正，ノイズリダクションなどが可能です。

　RAW画像というのは，現像前の生のデータで保存されるため，後のパソコンによる画像処理が可能になるのです。これをRAW現像と呼びます。ただ，JPEG形式よりもデータ量が大きくなります。

　RAW画像は，カメラメーカーによってそのファイル形式が異なります。たとえばキヤノンの場合にはCR2，ニコンはNEFという拡張子がファイル名に付きます。このファイル形式を開き，画像調整するには，カメラに付属しているDigital Photo Professional（キヤノン），ViewNX2（ニコン）や，アドビ・フォトショップなどのソフトが必要です。

　一期一会の星空撮影では，そのときの感動の風景にはもう二度と出会うことがないかもしれません。ここ一番，失敗したくない撮影にはRAW形式で撮ることをおすすめします。

撮影時，ホワイトバランスをどれに設定しても，RAW形式で撮影する場合には，後のRAW現像でホワイトバランスを自由に変えることができます。

固定撮影で凄い星空が写せる

RAW現像ソフトによるプラス補正．露出不足（左）だったので，明るさを＋1.5補正（右）しました．

RAW現像ソフトによるマイナス補正．露出オーバー（左）だったので，明るさを－1補正（右）しました．白飛び部分は改善されません．

■星空撮影法の入門書

『誰でも写せる星の写真』 〜携帯・デジカメ天体撮影〜（谷川正夫 著，本体1800円，地人書館）

　本書『驚きの星空撮影法』では，「超固定撮影」法を中心にその画像処理法についても詳しく解説していますが，星の撮影法についての基礎的な部分にはほとんど触れていません．星空撮影の基礎については，『誰でも写せる星の写真』をご覧ください．デジタル一眼レフでの固定撮影法はもちろん，オーロラの撮影法や携帯・コンパクトデジカメによる星の撮影法などについても書かれています．

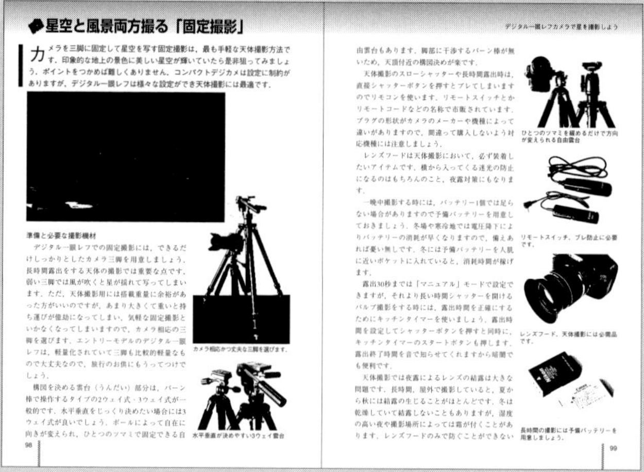

■星座を見つける入門書

『誰でも探せる星座』 〜1等星からたどる〜
（浅田英夫 著，本体1800円，地人書館）

　季節の星座や明るい星の名前を覚えたり，星座にまつわる神話を知っていたりすると，それらが星空撮影のモチーフになり，ますます楽しくなります．やさしく星座を探せる本です．星空撮影や星座ごとの撮影にも役立ちます．

固定撮影で凄い星空が写せる

📷 風景とともに撮る

　天体写真といえば星座や冬（夏）の大三角，天の川の一部などをきちんとフレーミングして星空だけが写っているものと，美しい自然や印象的な建造物などの風景とともに星空を撮影した写真もあります．後者は星空が入った風景写真で，星景写真とも呼ばれ，夜の風景を写し撮ったものです．

　最近，この星景写真を撮る人たちが大変増えています．デジカメでは，背面モニターで撮影後すぐに構図と露出が適切かどうかが確認できることも，星景写真に取り組みやすくなった一因でしょう．星空の撮影という特殊な条件下では，かつてのフィルム時代には露出決定に多くの経験を必要としました．夜空の暗さが場所や条件によって違うからです．街明かりからどれくらい離れているかとか，空の透明度の季節や気象による変化，月明かりの影響などによって，星空の見え方がずいぶん変わります．それによって撮影時の露出も変わるからです．

星空だけを切り取った天体写真．夏の大三角．愛知県旭高原にて．キヤノンEOS 5D MarkII．シグマ24mmF1.8→F2.8．30秒露出．ISO3200．ソフトフィルター使用．

星景写真．夏の天の川と湖面に映る星．愛知県豊田市稲武にて．キヤノンEOS 6D．キヤノンEF24-105mmF4→24mmF4．20秒露出．ISO4000．

📷 美しい星空の下で心に残る1枚を

　星空は晴れていれば世界中どこにでも広がっています．ただ街中の星空は，星の輝きが街明かりに負けて暗い星が見えずパッとしません．撮影しても夜空が昼間のように写り，星は街明かりに照らされた空に埋もれてしまいます．美しい星空を求めてなるべく都市部から離れたいところです．また田舎であっても，僅かな人工灯火であればともかく，強烈な明かりが近くにあるとその影響を受け星空が見えづらくなってしまいますので，そのような明かりも避けたいですね．
　夜空が暗く空気が澄んで透明度のよい美しい星空に出会うことができたときには，ぜひ，心に残る1枚を残してください．

光害のない暗い空で撮影した天の川．モルディブ・エンブドゥ島にて．キヤノンEOS 5D MarkII．シグマ15mmF2.8. 30秒露出. ISO3200.

人工灯火の下で撮影した天の川．タイ・カオラックにて．キヤノンEOS 6D．キヤノンEF8-15mmF4→15mmF4. 5秒露出. ISO3200.

「超固定撮影」でもっと凄い星空が写せる！〈カラー作例〉

M16・M17付近（超固定撮影）
キヤノンEOS 6D（赤外改造），ニッコールED180mm F2.8，開放，ISO25600，
2秒露出×75コマをコンポジット（加算），愛知県豊田市稲武にて．

バット星雲（超固定撮影）
キヤノンEOS 6D（赤外改造），キヤノンEF200mm F2.8．開放．ISO25600．
3.2秒露出×52コマをコンポジット（加算）．西オーストラリア州にて．

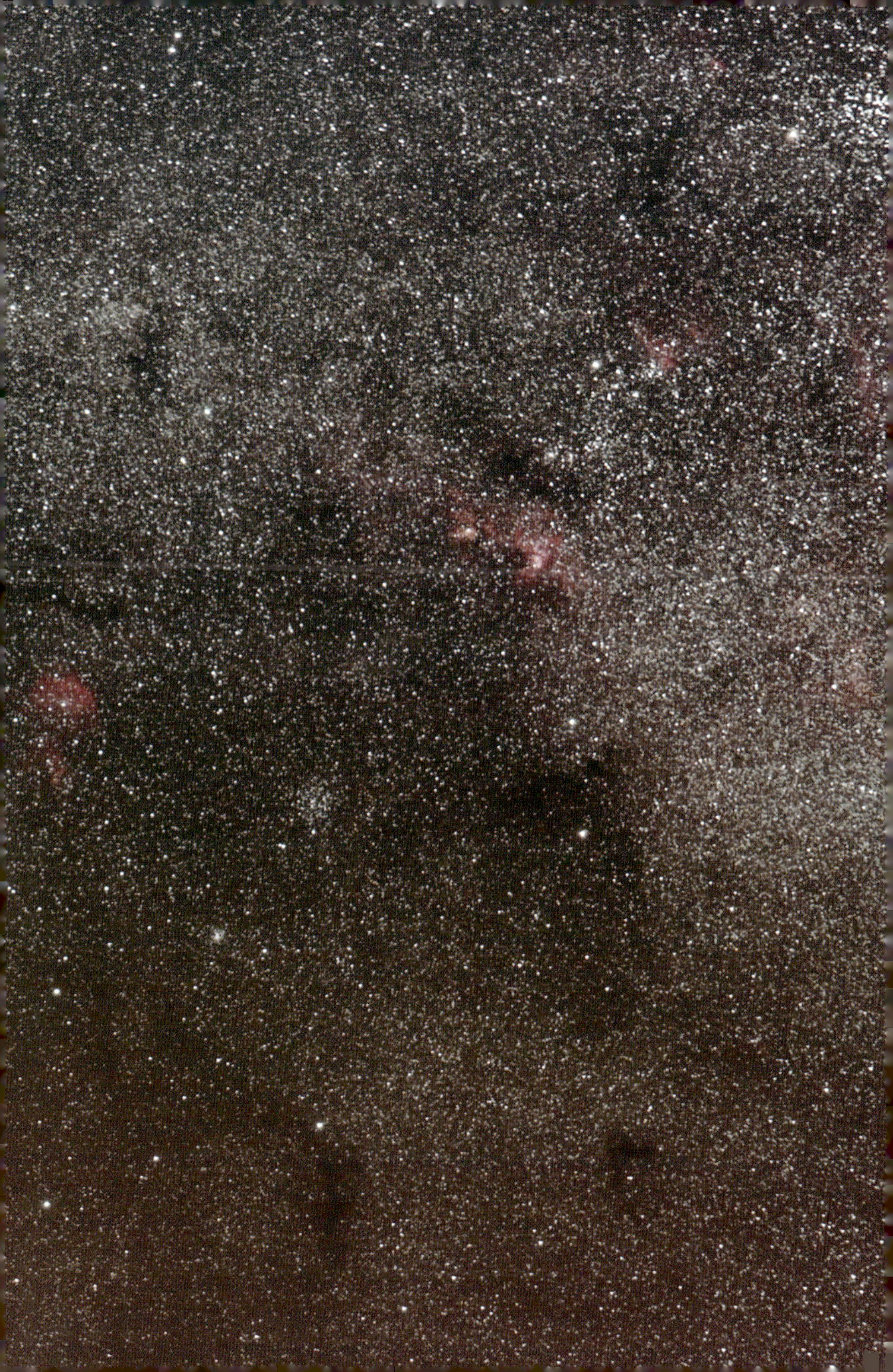

エータ・カリーナ星雲（超固定撮影）
キヤノンEOS 6D（赤外改造），キヤノンEF200mm F2.8，開放，ISO25600，
3.2秒露出×68コマをコンポジット（加算），西オーストラリア州にて．

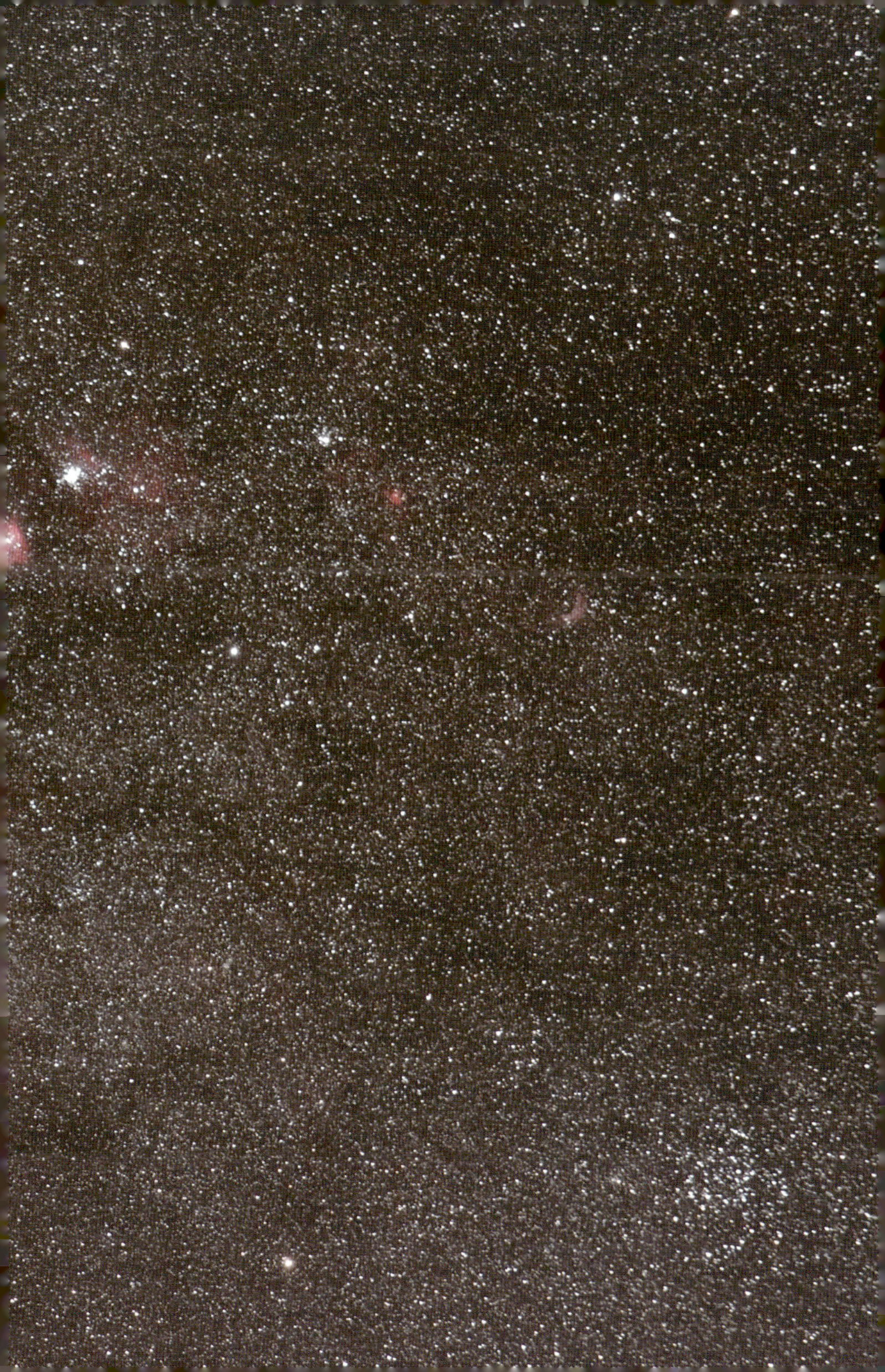

大マゼラン雲．(超固定撮影)．
キヤノンEOS 6D（赤外改造）．キヤノンEF200mm F2.8．開放．ISO25600．
3.2秒露出×50コマをコンポジット（加算）．西オーストラリア州にて．

さそり座からへびつかい座の暗黒帯（超固定撮影）
キヤノンEOS Kiss X7．ニッコール50mm F1.2→F2.8．
ISO12800．5秒露出×45コマをコンポジット・(加算)．
愛知県豊田市稲武にて．※写真は左が北．

「超固定撮影」で
もっと凄い星空が写せる！

■超高感度が可能となったデジタル一眼の登場によって，三脚だけの固定撮影で，まるで赤道儀を使用して長時間露出したような星空写真の撮影ができるようになりました．固定撮影を超える「超固定撮影」の全容を解説します．

超固定撮影．キヤノンEOS 6D（赤外改造），ニッコール ED180mm F2.8．開放，ISO25600，3.2秒露出×60コマコンポジット（加算）

📷 「超固定撮影」って何？

　高感度撮影が可能なデジタルカメラで，実用可能な「超」高感度に設定し，固定撮影にもかかわらず日周運動で星の移動が目立たないようにするため，これまでの星空撮影ではやらなかった数秒という「超」短時間露出の撮影を「超固定撮影」と名付けました．

　ただし，超高感度で撮影しているため，写った画像はノイズを含んで粗くなっています．これを改善するために，たくさんのコマ数を撮影し，後のパソコンによる多数コマコンポジットという画像処理を施します．この多数コマコンポジットまでを含めた超高感度による超短時間露出固定撮影の工程をまとめて，「超固定撮影」法と呼ぶことにします．

「超固定撮影」のできるカメラ

　「超固定撮影」で用いるデジタルカメラは，常用最高感度がISO12800，できればISO25600であることが望ましいです．最新のデジタル一眼の中には，この条件を満たす機種が増えています．画質を鑑みて常用感度を超える「感度拡張」や「増感」はなるべく使用しません．

　そして，F値が小さい明るいカメラレンズの方が使えるレンズになります．感度が高くてもレンズが暗いと露出時間を長くしなければならないからです．あくまでも固定撮影ですから，長い露出をかけるほど星は流れます．たとえば，ISO感度が同じとして，F4で5秒露出が必要だった場合，1段明るい絞りF2.8なら半分の2.5秒露出にできるというわけです．すると星の流れも半分になります．したがって，開放F値が4のレンズより2.8の方が断然有利になるというわけです．

常用感度でISO25600が使える
キヤノンEOS 6D．

「超固定撮影」でもっと凄い星空が写せる！

ガイド撮影と「超固定撮影」の画質比較

　ISO3200に設定した赤道儀によるガイド撮影とISO25600に設定した「超固定撮影」，それぞれ1コマ撮りの画質を比較すると，長い露出時間をかけられるガイド撮影の方は，ISO感度を低く設定できるため滑らかですが，ISO感度を目いっぱいに上げている「超固定撮影」の方は，ザラザラ感がありあまり美しくありません．さすがに1コマではガイド撮影に太刀打ちできませんので，多数撮影したコマをコンポジットして，画質を改善します．

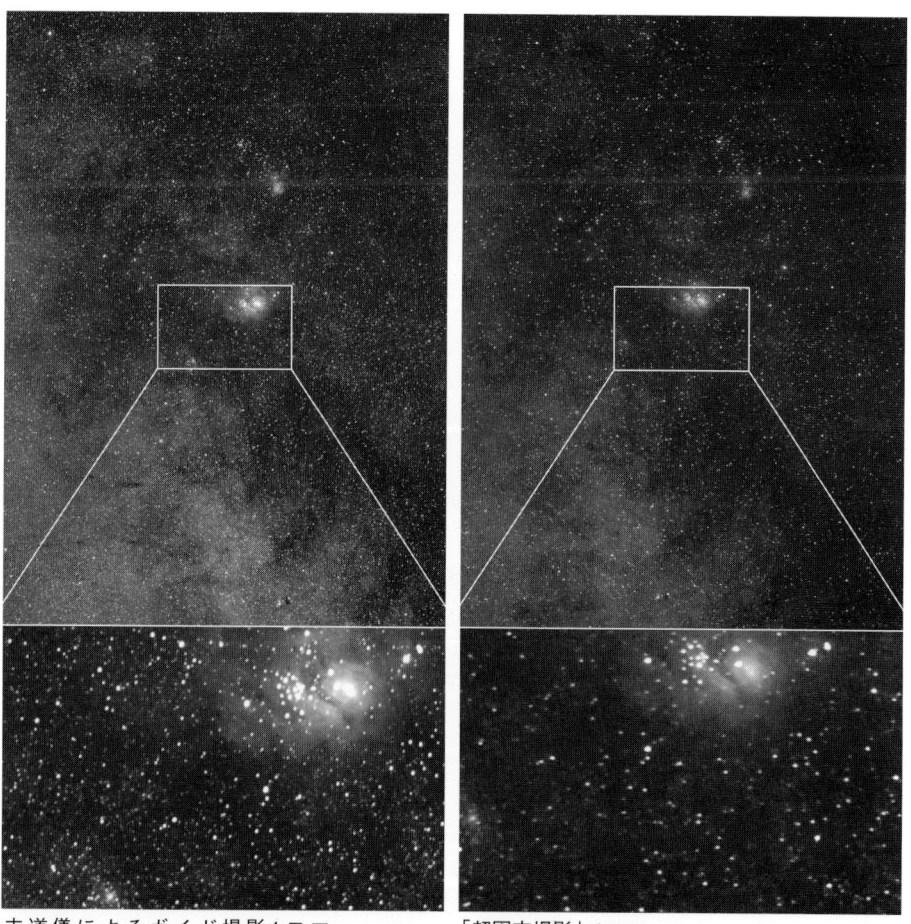

赤道儀によるガイド撮影1コマ．ISO3200．60秒露出．画像処理ソフトにより，明るさ調整をしています．

「超固定撮影」1コマ．ISO25600．2.5秒露出．

多数コマコンポジットによる画質改善

　手軽に行える超高感度による超短時間露出固定撮影(「超固定撮影」)により撮影した39コマをコンポジットしました。1コマ撮影よりバックグラウンドのノイズが滑らかになり、淡い星雲部分が明瞭に描出され、微光星もはっきりしました。

　超高感度で撮影することにより、1コマではザラザラの画質でも、多数のコマをコンポジットして平均化することにより粗い画像がならされて滑らかになります。

　このように「超固定撮影」と多数コマコンポジットを組み合わせると、ガイド撮影にも匹敵するような写真になります。多数コマコンポジットについては、92ページから詳しく解説します。

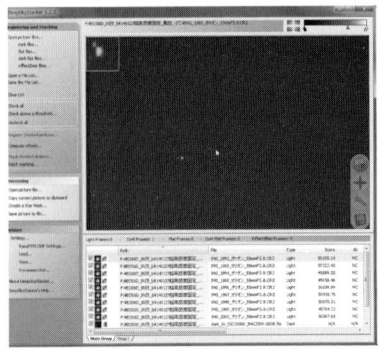

天体写真のコンポジットができるフリーソフト「DeepSkyStacker」。このソフトの解説は102ページから。

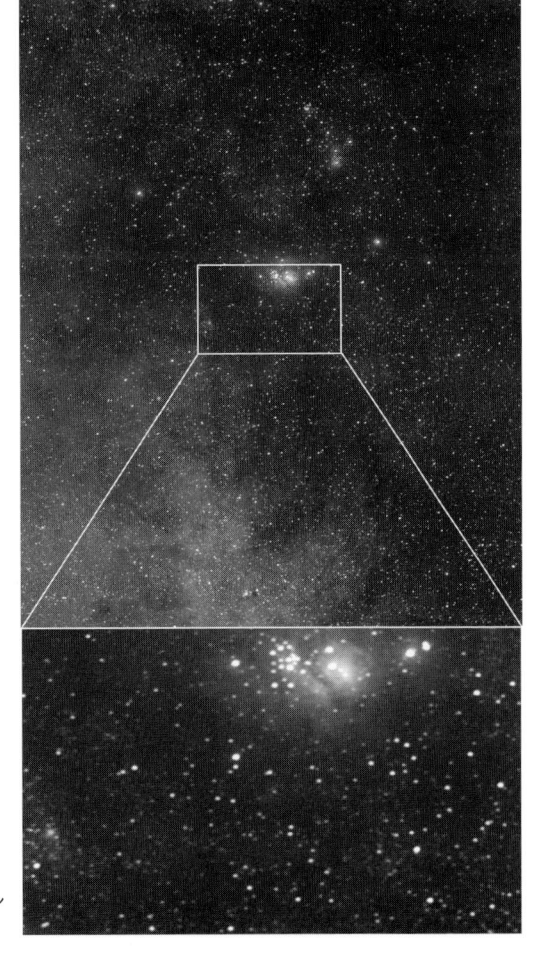

「超固定撮影」(51ページと同じ)した39コマをコンポジットしました。

「超固定撮影」でもっと凄い星空が写せる！

📷 「超固定撮影」のカメラ設定

連続撮影モードで撮る

「超固定撮影」はたくさんのコマを一気に撮影するため、連続撮影モードに設定します。また、ブレ防止のためにリモートスイッチを使い、リモートスイッチのレリーズボタンをロックして押しっぱなしにし、数十コマ撮影します。

メモリーカードはなるべく書き込み速度の速いもの（SDカードであればclass10）を使用しましょう。動きの速いスポーツなどを撮影するときほどの連写能力は必要ありませんが、「超固定撮影」は星空の撮影としては、数秒という比較的短い露出時間で連続撮影するので、メモリーカードの書き込み速度が速いに越したことはありません。カメラ内バッファメモリーの容量にもよるのですが、書き込みが遅いと連続撮影が停滞してしまう恐れがあります。また、大量に撮影することによりデータ量もとても大きくなりますので、容量の大きなメモリーカードを使いましょう。

連続撮影モードに設定して、多数のコマを撮影します。

リモートスイッチ。レリーズボタンを全押ししてスライドさせるとロックします。ロックを解除するまで、撮影が継続します。

露出設定

月明かりがなく、夜空の暗い条件のよいところで、「超固定撮影」での露出設定は、たとえば絞りF2.8の場合、ISO25600、露出時間は2秒以上が目安になります。露出時間を長くするほど暗く淡い天体が写るようになりますが、日周運動のため星の光跡が長くなっていきます。このことについては次のページから解説します。なお「超固定撮影」法では、長秒時露光のノイズ低減は基本的に使いません。

SDカード。書き込みが高速で容量の大きいものをおすすめします。

そして、記録画質はJPEG画質でもよいのですが、できればRAW画質にしましょう。RAWで撮影した画像は、後のパソコンでの画像処理で美しく仕上げることができます。画像処理については81ページから解説します。

📷 星を点像に写す露出時間

　暗い星や淡い天体を撮るには、撮像素子に光を蓄えるために長時間露出をするというのが常識です。しかし、「超固定撮影」は、ISO感度を高く設定し、露出時間を極めて短くして撮影する方法です。なるべく星は、日周運動による流れの少ない、点に近い状態に写し止めたいのですが、その短い露出時間の中でもほんの少しでも長く露出をかけたいところです。

　どれくらいの露出時間なら点像になるか、レンズの焦点距離別に表にしました。撮像素子に写る星の大きさを0.02mm（20μm）にする場合です。たとえば、2000万画素、35mmフルサイズデジタルカメラの1画素は0.0065mm（6.5μm）で、辺（径）としては、1画素の3倍に写ることになりますが、実質的に問題のない範囲といってよいでしょう。

　レンズの焦点距離が長くなるほど、点像に写すためには露出時間を短くしなければなりません。したがって、現在発売されているデジタルカメラの超高感度特性からすると、200mm望遠レンズくらいまでが限界でしょう。

　赤緯は天の赤道（0°）、30°、60°を表示しました。赤道上が最も露出時間を長くできないのに対して、赤緯が極に近くなるほど、露出時間を伸ばせることがわかります。

　この表を参考にして、どれくらいの露出時間にすればよいか試してみてください。

レンズ焦点距離	赤道 0°	30°	60°
24mm	11秒	13秒	23秒
35mm	8秒	9秒	17秒
50mm	5秒	6秒	11秒
100mm	2.7秒	3.2秒	5.5秒
200mm	1.4秒	1.6秒	2.7秒

星を点像に写す焦点距離別の露出時間。星の大きさを0.02mm（20μm）に写す場合。

「超固定撮影」でもっと凄い星空が写せる！

露出時間の違いによる星の伸び方

24mmレンズ

四角に囲った範囲を拡大しています．ぎょしゃ座が中心にあります．中心位置 赤緯＋37°．

10秒露出．ほぼ点像に写っています．

20秒露出．少し流れているのがわかります．

30秒露出．流れているのは明らかです．

50mmレンズ

四角に囲った範囲を拡大しています．ぎょしゃ座の中心です．中心位置 赤緯＋39°．

5秒露出．ほぼ点像に写っています．

10秒露出．少し流れているのがわかります．

15秒露出．流れているのは明らかです．

「超固定撮影」でもっと凄い星空が写せる！

180mmレンズ

四角に囲った範囲を拡大しています．ぎょしゃ座の中心でM36・M38が写っています．中心位置 赤緯＋32°．

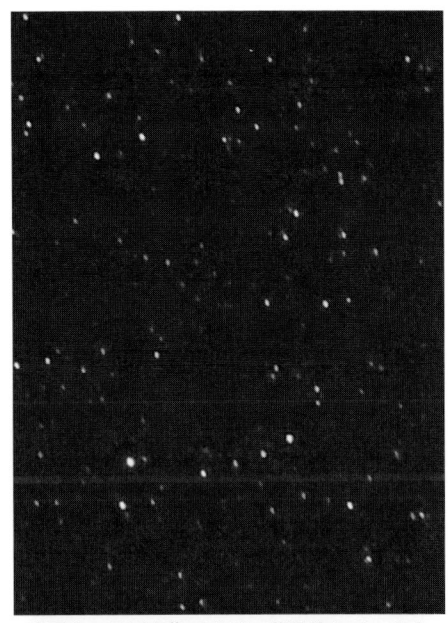

2秒露出．ほぼ点像ですが，若干流れています．

5秒露出．流れているのは明らかです．

10秒露出．大きく流れています．

📷 極に近いほど星は伸びない

　日周運動による星の見かけの動きは，天の赤道上（0°）が単位時間あたり最も大きくなります。そこから，赤緯が極に近くなるにしたがって小さくなり，星の光跡が短くなります。ちなみに，赤緯とは赤経とともに天球に描かれる座標で，天の赤道が0°，そこから北へ+10°，+20°……，+90°が天の北極になります。南へは，-10°，-20°……，-90°が天の南極になります。

　下の星図は，東の空から昇る星の30分間の動きを示したものです。天の赤道から北あるいは南の極に向かうにしたがって，星の光跡がだんだん短くなっていくのがわかります。

　「超固定撮影」では，星の動きの大きな天の赤道付近を狙う場合には，露出時間を短くしなければなりませんが，極に近いほど露出時間を伸ばすことができます．右ページの写真のように，50mmレンズ10秒露出，180mmレンズ5秒露出で，どちらも赤道付近や赤緯-20°付近の撮影で星が流れて写っていますが，赤緯+75°付近では点像になっています．

アストロアーツ ステラナビゲータ10で作成．

「超固定撮影」でもっと凄い星空が写せる！

赤緯の違いによる星の伸び方

50mmレンズ
すべて10秒露出

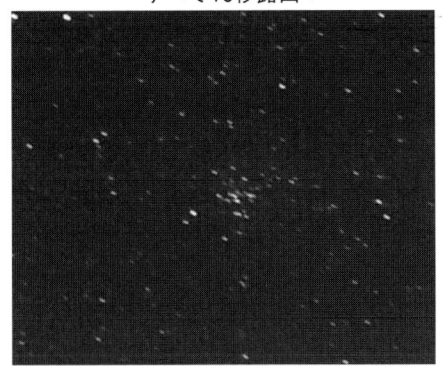

180mmレンズ
すべて5秒露出

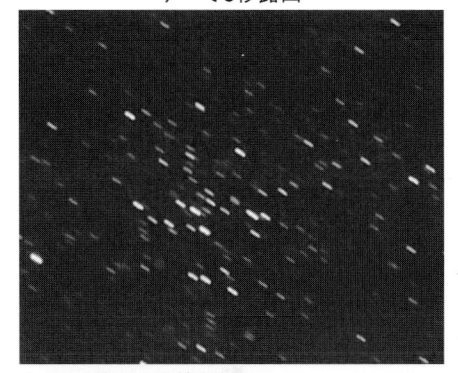

おおいぬ座 M41を拡大表示．
中心位置 赤緯−20°付近．

おおいぬ座 M41を拡大表示．
中心位置 赤緯−20°付近．

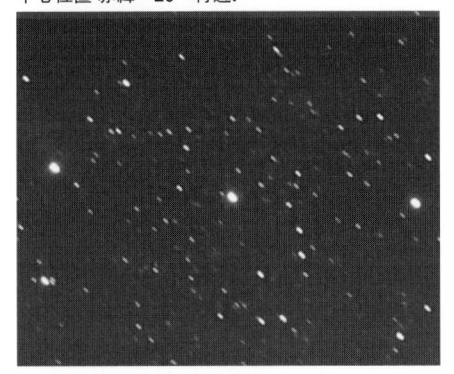

オリオン座 三ツ星を拡大表示．
中心位置 赤緯0°赤道付近．

オリオン座 δ星（ミンタカ）を拡大表示．
中心位置 赤緯0°赤道付近．

こぐま座 β星（コカブ）付近を拡大表示．
中心位置 赤緯＋75°付近．

こぐま座 β星（コカブ）付近を拡大表示．
中心位置 赤緯＋75°付近．

📷 星は西にずれて写る

　固定撮影で長時間露出すると，写った星は円弧の光跡を描きますが，「超固定撮影」のように短い露出時間で多数コマ撮影すると，ほぼ点状の星の位置が，撮影開始のコマから最後のコマへかけて東から西へ移ります．

　多数コマコンポジットは，星の位置を基準に合成します．画角の中で移動した星に合わせるため，コンポジット後の画像の左右や上下にすべての画像が合成されていない部分ができます．最終的には，この半端な部分を切り取ります．

多数コマ撮影開始の1枚．180mm望遠レンズ．

2分後の1枚．星は西（右）へ移動しています．

撮影開始と最後のコマを，星の位置を合わせて合成．

構図を決めるときのコツ

　北半球では，北極を軸として，東の空から昇ってきた星は，見かけ上右斜め上に進んでいきますので，画角を赤経・赤緯の線に沿った角度，つまり天球座標上の東西南北に合わせた構図にすると，コンポジット画像でカットされる部分が少なくなり効率的です．地平線に水平な構図にした場合，画像の上下左右ともカットすることになります．西の空でも同じです．南の空の星は，ほぼ水平に進みますので，地平線に沿った構図でかまいません．

　星のずれ量によっては，構図のずれが気になる場合もあるので，撮影開始のコマは，カメラを少し西（南の空では右）にずらしておくことがポイントです．北極星より上の北の空へカメラを向けるときには，西へ動く星の見かけの移動方向は逆になるため，カメラは左にずらします．

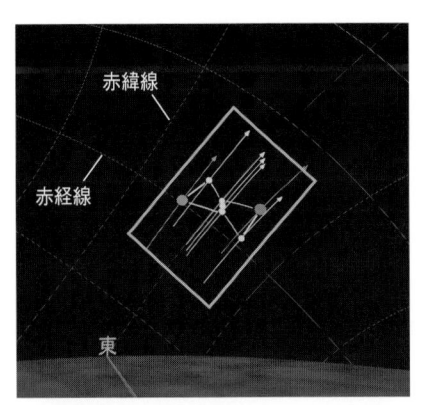

東の空に昇るオリオン座．

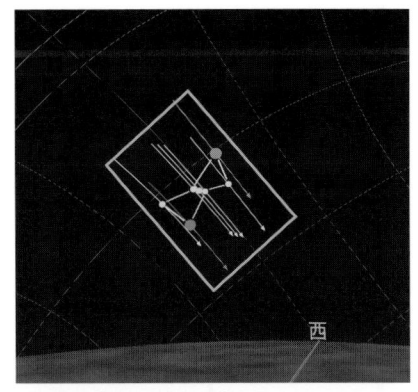

西の空に沈むオリオン座．

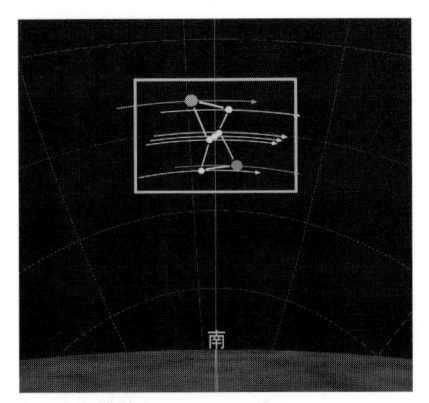

南の空を移動するオリオン座．

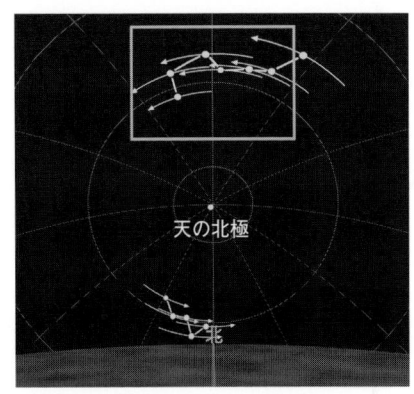

北の空の北斗七星とカシオペヤ座．

📷 どこまで使える？ 超高感度

　限度いっぱいの常用高感度と感度拡張（増感）を比較しました．常用感度の範囲内であれば，万単位のISO感度であっても，粗粒子感は否めませんが使える画像になっています．さすがに感度拡張（増感）では，画質の劣化は顕著で，微光星がノイズに埋もれてしまっています．一般撮影時での使用目的としては，発光禁止でストロボが使えない場合とか，ブレ防止のためにシャッタースピードを速くしたいときなど，非常用途が考えられます．星空の撮影では，119ページから解説の半手持ち撮影で使用します．ここに掲載の画像は，すべて高感度ノイズ低減「標準」に設定して撮影しています．

ニコン D5300

ニコンのAPS-Cサイズ エントリーモデル，D5300の常用最高感度ISO12800と感度増感ISO25600です．

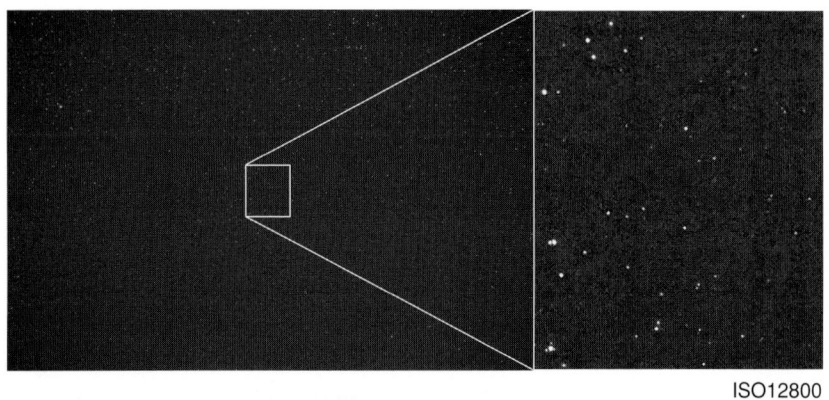

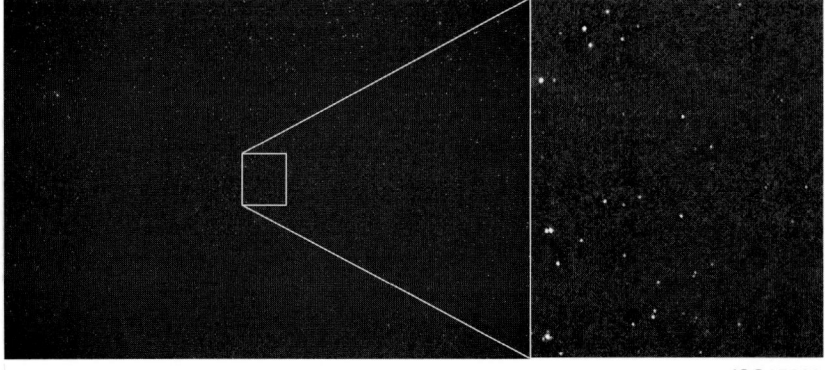

ISO12800

ISO25600

62

キヤノン EOS 6D

　キヤノンのフルサイズ ハイアマチュアモデル，EOS 6Dの常用感度の最高域ISO12800とISO25600，そして感度拡張ISO51200とISO102400です．感度拡張は拡大画像のみの掲載です．

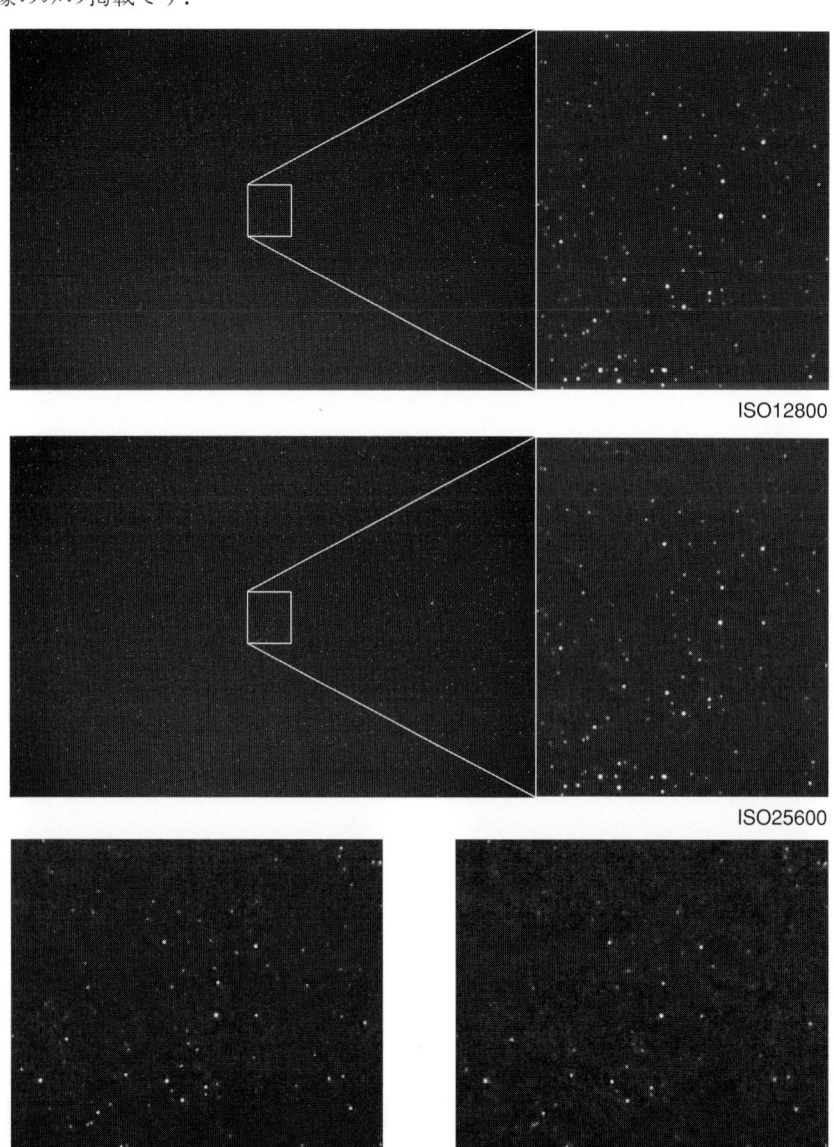

ISO12800

ISO25600

ISO51200

ISO102400

📷 「超固定撮影」で星雲星団を狙う

　星雲星団のアップは，通常，天体望遠鏡や望遠レンズで撮影します．基本的に赤道儀が必須の撮影対象です．ところが，「超固定撮影」では，200mmくらいまでの望遠レンズが使えるため，大型の星雲星団ならば撮影することができます．

　やはり，赤道儀の使用というのは，極軸合わせ（赤道儀の極軸を日周運動に対応させるために地軸と平行にすること）をしなければならないという点において，労力と知識を必要とし，ビギナーには敷居が高いと言わざるを得ません．最近ではコンパクトな赤道儀も販売されていますが，確かに中・大型赤道儀に比べ，持ち運びに便利で，組み立てについてははるかに簡単ですが，極軸合わせというセッティングに関しては，コンパクト赤道儀でも知識と経験を要することには変わりありません．したがって，星雲星団を撮ってみたいと考えているビギナーには，「超固定撮影」法は打って付けなのではないでしょうか．

　望遠レンズによる「超固定撮影」は，露出時間を数秒に抑えたとしても，パソコンでピクセル等倍に拡大して見ると，若干の星の流れが生じているのがわかります．この改善法は101ページで解説しています．

「超固定撮影」法による散開星団M46・M47．キヤノンEOS 6D（赤外改造）．SMCタクマー200mmF4．開放．ISO25600．2秒露出×20コマをコンポジット（加算平均）．

「超固定撮影」でもっと凄い星空が写せる！

望遠レンズの画角

　星雲星団とひとくちに言っても，天体望遠鏡を使わなければ撮影できないような小さな天体から，広角レンズの撮影でも存在がわかる大きなものまでさまざまです．「超固定撮影」では，狙える星雲星団は比較的大型なものになります．冬であればオリオン大星雲（M42），夏であれば干潟星雲（M8）のような明るくて有名な天体は，撮影対象として人気です．ただこれらの天体にしても，200mmの画角には少々小さいので，隣接した天体と同じ写野内に収める構図を考えます．これも楽しいものです．

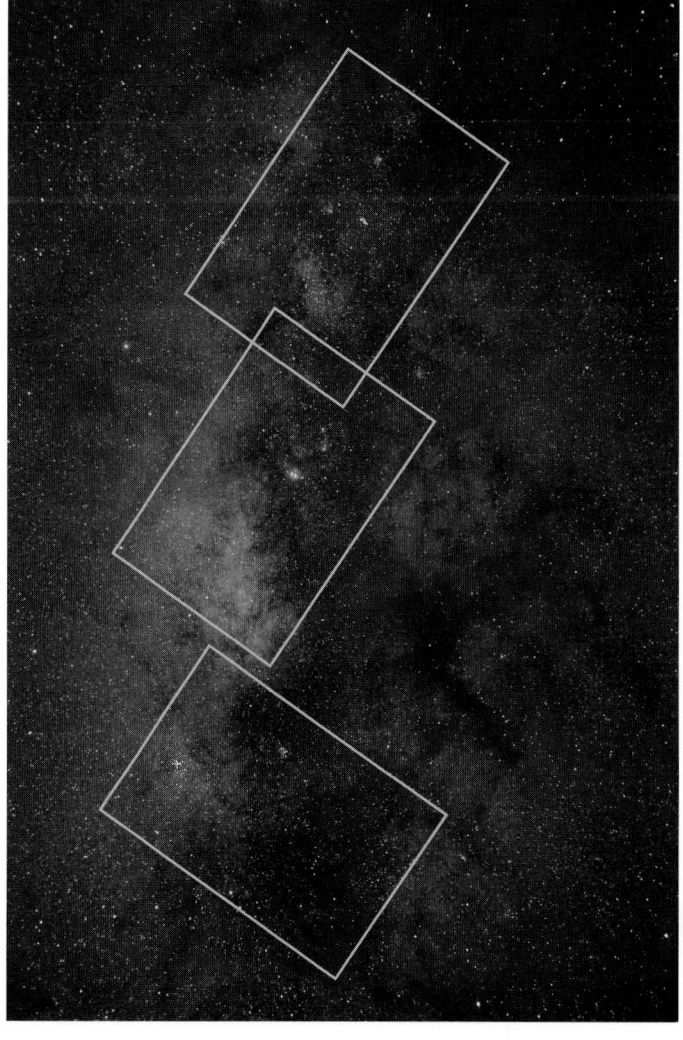

枠はフルサイズデジタルカメラに200mm望遠レンズを付けた場合の画角です．天の川銀河中心付近の星雲星団の構図の例です．写野内にある星雲星団は，上の枠からM16・M17，M8・M20，M6・7と彼岸花星雲（NGC6357）です．画角の辺を天球座標上の東西南北に合わせてあります．

コンポジット後を考慮した構図

　望遠レンズを使用した「超固定撮影」の場合，焦点距離が長くなるほど，その画角に対する日周運動による星の移動量が大きくなっていきます．コンポジットする最初のコマと最後のコマの星の移動位置は，数分の間隔であれば，標準レンズくらいならあまり気にならないのですが，望遠レンズになると画角からずれてしまうのが目立ちます．

　画角の長辺を南北（縦構図）にして撮影すると，短辺方向に星は移動しますので，コンポジット後の画像は，より縦長になります．また，時間間隔の長い多数コマのコンポジットは，前述のとおりずれが大きく，合成後に使える範囲が狭くなってしまいます．日周運動による星の東西の移動が，画角内を斜めに進行するような構図にすると，横方向だけでなく，縦方向にもずれて，ますます合成範囲が狭まります．

180mm望遠レンズの画角の長辺を南北（縦構図）にして撮影した例．最初と最後のコマの間隔は2分52秒．

「超固定撮影」でもっと凄い星空が写せる！

　このようなずれをなるべく小さく，多数のコマを撮影したい場合には，2分ほど連続撮影したら，一旦終了し，撮影を開始したときの構図位置にカメラを戻して撮影を再開します．この操作は，しっかりしたカメラ雲台であれば比較的やりやすいですが，微動装置付きの雲台を使用すると，とても楽にできます．画角が狭い望遠レンズでの構図も決めやすくなり，一石二鳥です．

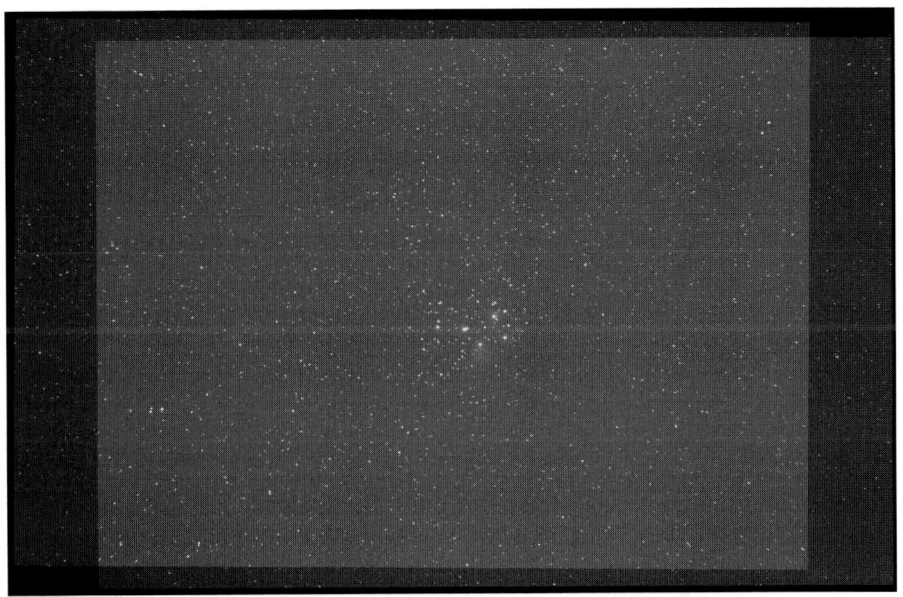

180mm望遠レンズの画角の長辺を東西（横構図）から少し傾いた構図で撮影した例．最初と最後のコマの間隔は5分21秒．

マンフロットのギア付き雲台．微動ができる雲台です．

上下左右の微動ができるマウント．粗動は雲台で行います．

■星雲星団を探すためのガイドブック

　星雲星団を撮影するには,どこにあるかを調べないといけません.大きさや形を知っておくことも必要です.そのための役に立つ星雲星団のガイドブックを紹介します.

『星雲星団ベストガイド』〜初心者のためのウォッチングブック〜
(浅田英夫 著・谷川正夫 写真,本体2800円,地人書館)

　ビギナーの観望に適した星雲星団約80個を厳選しています.天体の導入に便利なファインディングチャート付きで,市街地と山間地の星雲星団の見え方の違いを,望遠鏡の口径別にイメージ写真で紹介しています.

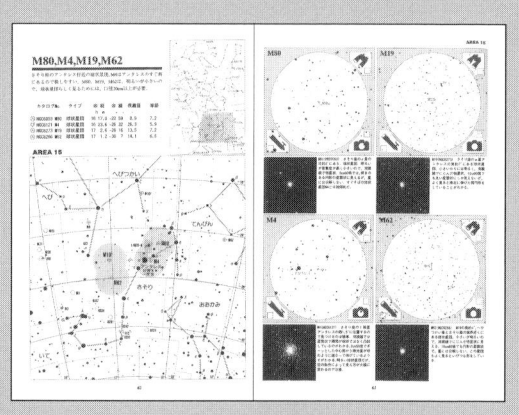

『星雲星団ウォッチング』 〜エリア別ガイドマップ〜
(浅田英夫 著,本体2000円,地人書館)

　春・夏・秋・冬の季節順にエリアを分けて星雲星団を解説しています.目標天体の掲載ページにたどりつきやすく,ファインディングチャートと双眼鏡イメージの7°視野円チャートそれぞれの星図が,見開きページに統一して配置・掲載されていて,とても見やすくなっています.

「超固定撮影」でもっと凄い星空が写せる！

📷 広角レンズによる歪みの影響

　広角レンズで固定撮影した多数のコマをコンポジットすると，画像周辺の星像が放射状に伸びてしまいます．これは，ボリューム歪像という周辺にいくにしたがって像が広がって写る特性が原因です．超広角レンズほど大きくあらわれ，広角レンズに特徴的な歪みです．焦点距離が長くなるほど目立たなくなり，望遠レンズでは問題ありません．このボリューム歪像は，像が歪んで写る歪曲収差とは別ものです．

　「超固定撮影」による画像は，時間経過により写った星の位置が移動していきますが，それらをコンポジットすると，このボリューム歪像という現象によって，同じ星の位置が周辺部ほど合わなくなります．また，撮影開始のコマと最後のコマとの時間差が長いほど大きく放射状になります．ボリューム歪像の補正は，歪曲収差の発生を招くという関係があり，これを補正して星の位置を完全に合わせることは困難です．したがって，広角レンズを使用した固定撮影のコンポジットでは，周辺星像の不一致は避けられないこととなります．対処法としては，コンポジットには短時間のうちに撮影したコマを使うか，画像処理の最後にクロップするかでしょう．

　広角，望遠といった焦点距離にかかわらず，歪曲収差のあるレンズでも同じように，コンポジットで周辺像が合わなくなります．しかしこれは，ボリューム歪像のない標準から望遠レンズなら，画像処理ソフトによる歪曲収差補正を施した画像でコンポジットすることによって解決します．レンズ収差補正のできるソフトについては，87ページで解説しています．

キヤノンEOS Kiss X4 APS-Cサイズ デジタル一眼レフにEF-S18-55 ISレンズを装着し，18mmで使用しました．45コマをコンポジットしています．最初のコマと最後のコマの時間間隔は10分です．広角歪みの影響により，周辺で星の位置が放射状にずれています．

📷 世界中どこでも赤道儀なしで凄い星空撮影

　「超固定撮影」は，その手軽さゆえ，旅先での撮影に打って付けです．三脚とリモートスイッチだけという昼間の風景写真撮影と同じ機材でいいからです．このような機材の軽量化に貢献する「超固定撮影」は，海外遠征での星空撮影にとても有利です．

　南半球，特にオーストラリアの星空は，日本から見ることのできない星や星雲星団を観察したり撮影したり，天文や星空に興味を持った人たちにとって，訪れてみたい憧れの土地です．人口密度が少なく，乾燥大陸であるため，都市部を離れれば，街明かりから隔絶された素晴らしく暗い夜空が広がっていて魅力的です．同じようにニュージーランドの星空にも惹きつけられます．

　ただ，海外遠征には，航空機への預け入れ手荷物の重量制限がネックになります．エコノミークラスでは，航空会社や航路によって違いがありますが，20kgが超過料金のかからない限度というところが多く，天体撮影機材に小型赤道儀やその三脚を含めると，簡単に20kgを超えてしまいます．

　これまでの海外遠征で，どのような機材を持って行くかは悩みの種でしたが，「超固定撮影」でその悩みも解決できるのではないでしょうか．赤道儀のような重機材は必要なく，望遠レンズの使用に耐える中型のカメラ三脚があればよいのです．

オーストラリア遠征にて．昇る天の川をバックにしての「超固定撮影」撮影風景．

「超固定撮影」でもっと凄い星空が写せる！

「超固定撮影」による ω星団（NGC5139）．キヤノンEOS 6D（赤外改造）．キヤノンEF 200mm F2.8．開放．ISO25600．2秒露出×28コマをコンポジット（加算）．西オーストラリア州にて．

■南半球での星空撮影に役立つ本
『誰でも見つかる南十字星』
～南天の星空ガイド～
（谷川正夫 著，本体1800円，地人書館）

　南十字星はいつどこへ行けば見えるのか，サイパン・グアム，ハワイ，タヒチ，オーストラリアなど，地域ごとの見え方シミュレーションを掲載し，詳しく解説しています．南十字星だけでなく，南半球へ行ったら是非見たい大小マゼラン雲，エータ・カリーナ星雲，そして南半球でなければ見えない星座の解説もあります．南の島々や南半球の国に旅行するときに携行すると役に立つ1冊です．

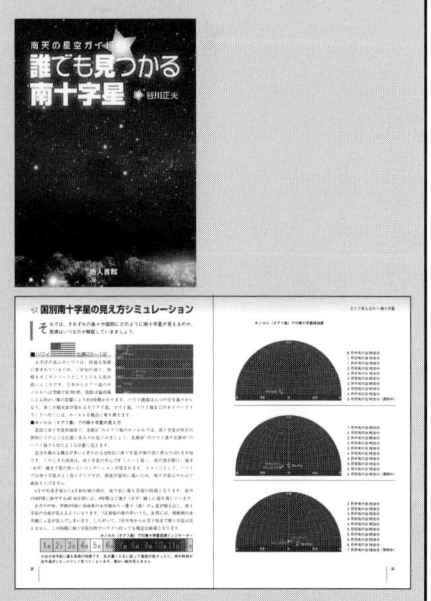

かつての遠征撮影機材から一変

　海外遠征でも，望遠鏡や望遠レンズで星雲星団を撮ろうとする場合，長時間露出が必要なため，赤道儀は必携でした．持ち運びしやすい小型の赤道儀であっても，バランスウェイトやモーターを動かすためのバッテリーなども必要で，重量がかさみます．このような重量物はなるべく持ち込みたくないため，ウェイトは水を入れたペットボトルやカメラで代用したり，乾電池を現地で購入するなど，預け入れ手荷物の軽量化を図ってきました．それでも重量オーバーの懸念から，同行の人と機材をシェアしたり，荷物の軽い人に混載をお願いしたりと，あれやこれやの手を打ってきました．しかし，「超固定撮影」では，もうそのような心配はいりません．

　これからの「超固定撮影」への期待ですが，現時点では，比較的美しく仕上げられる範囲内において，ISO感度と露出時間から鑑みて，最も長くできる焦点距離として，200mmの望遠レンズが限度ですが，将来的に最高ISO感度がもっと上がることにより，F値が小さい明るいレンズという条件付きですが，焦点距離を今より長くすることが可能となるでしょう．

　今後，どのような新たなアイデアが生まれ展開していくのか，デジタルカメラの超高感度化による天体撮影の未来が楽しみです．

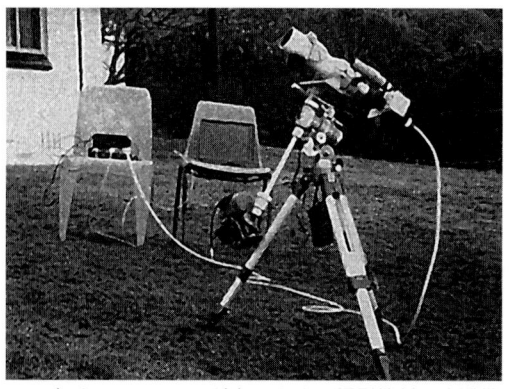

1997年オーストラリア遠征のときの撮影機材．赤道儀はタカハシ P-2．ウェイト代わりにカメラをバランスシャフトの先端に取り付けています．このときは口径5cmの天体望遠鏡（タカハシFC-50）＋冷却CCDカメラ（SBIG ST-6）で撮影しました．

「超固定撮影」の機材は，カメラ三脚とリモートスイッチだけでできます．

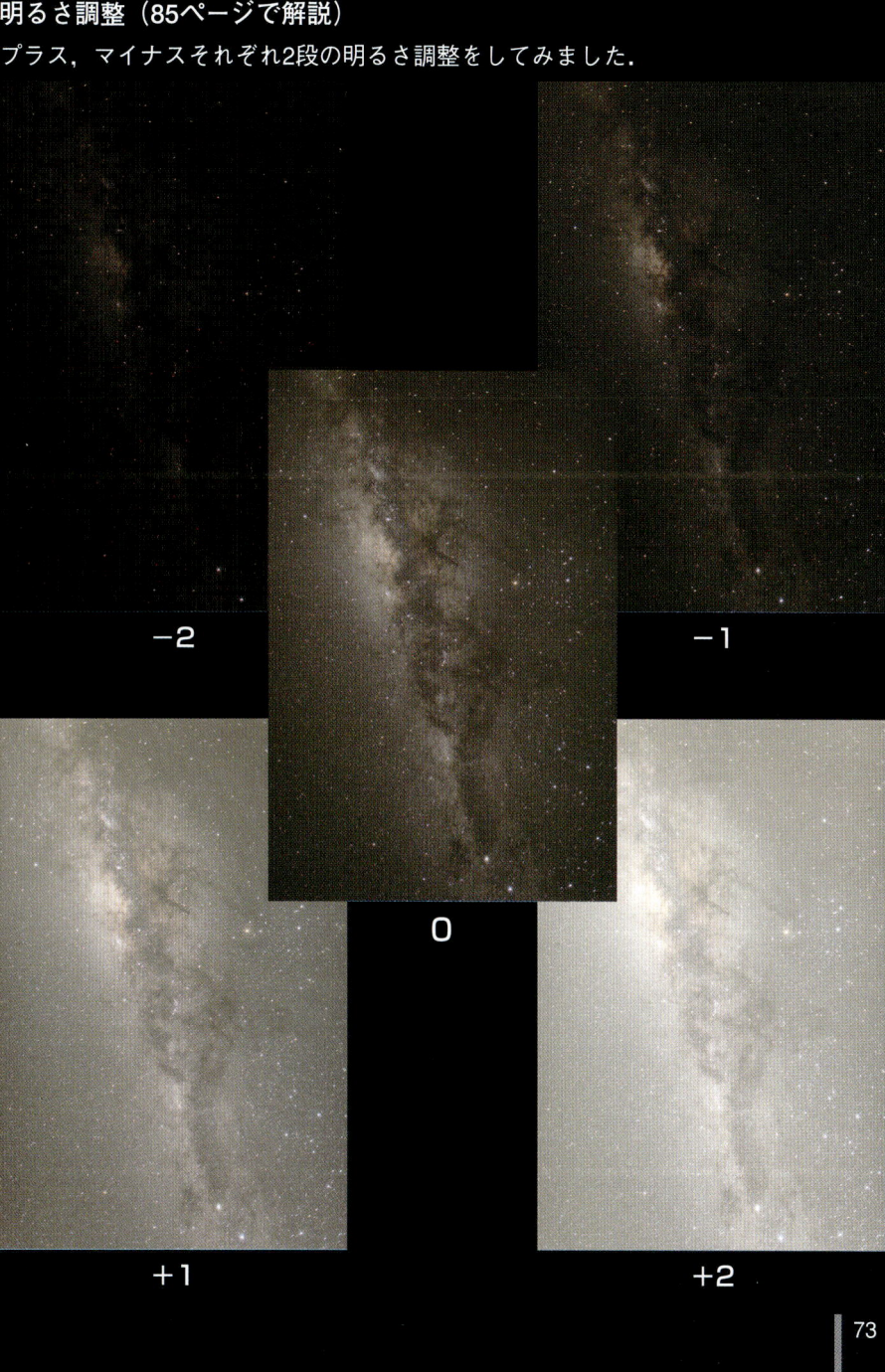

明るさ調整（85ページで解説）

プラス，マイナスそれぞれ2段の明るさ調整をしてみました．

-2

-1

0

+1

+2

ホワイトバランス調整（85ページで解説）
各ホワイトバランス設定で，ずいぶん色が変わります．

オート

太陽光

4000K

白熱電灯

ノイズリダクション（86ページで解説）

輝度ノイズ緩和レベルと色ノイズ緩和レベルの数値を変えてみました．ISO25600の超高感度で撮影しています．

輝度 [0]　色 [0]

輝度 [0]　色 [20]

輝度 [16]　色 [16]
ISO25600，ノイズ低減「標準」設定時の数値です．

輝度 [20]　色 [0]

輝度 [20]　色 [20]

レンズ収差補正（87ページで解説）

レンズ収差補正の効果です．

レンズ収差補正を適応する前の画像です．周辺減光と周辺像の色収差が目立ちます．

レンズ収差補正によって，周辺光量と色収差が改善できました．ただし周辺星像の羽を広げたような収差は変わっていません．

トーンカーブ(91ページで解説)

フリーフォトレタッチソフトGIMP 2で,トーンカーブをかけているところです.

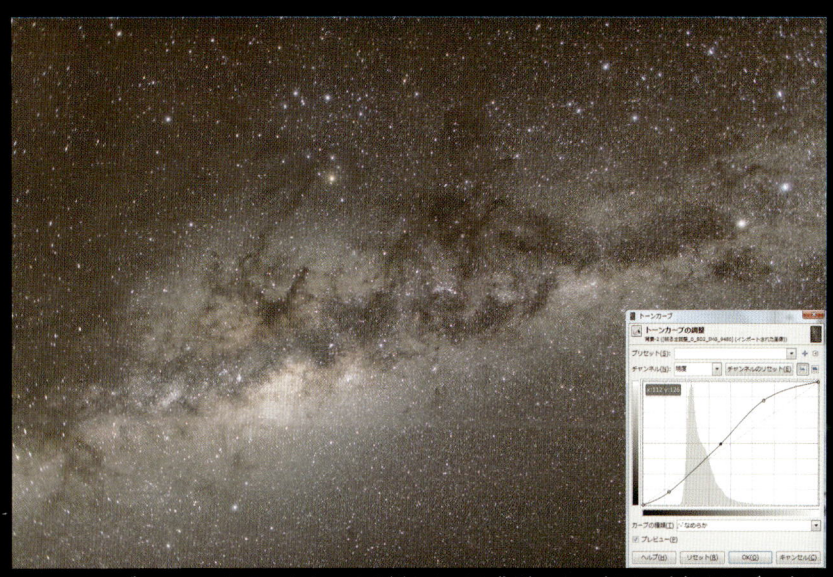

トーンカーブで,コントラストをつける例としての典型です.左下の暗部を下げ,右上の明部を持ち上げて,Sの字カーブにします.

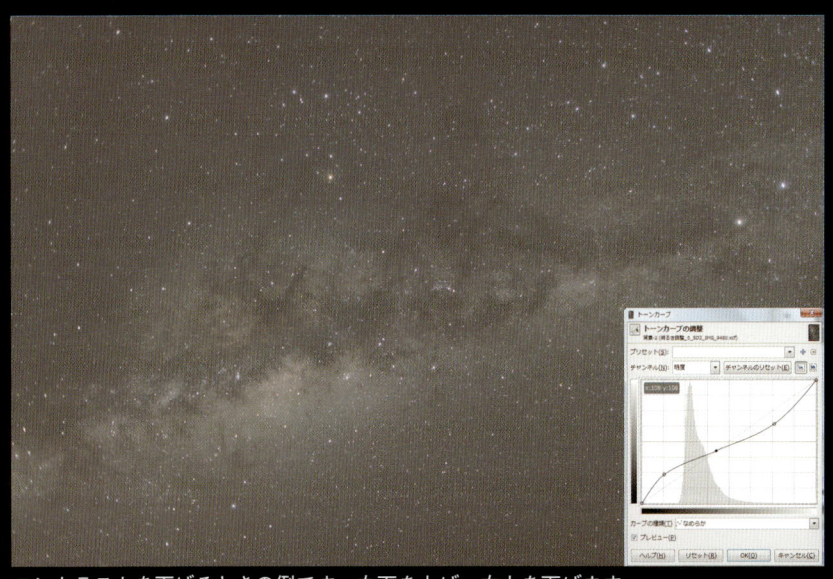

コントラストを下げるときの例です.左下を上げ,右上を下げます.

多数コマコンポジットの効果

1コマ画像と多数コマコンポジットした画像の比較です．

コンポジットする前の1コマ画像です．180mm F2.8．ISO25600．2秒露出．「超固定撮影」．
画像は粗いです．

72コマをコンポジット（加算）しました．画像は滑らかになりました．

フラット補正の効果（96ページで解説）
美しく天体写真を仕上げるために，フラット補正は重要です．

フラット補正をしないで，多数コマコンポジットをしました．周辺減光が強く，うまくコントラストを上げることができません．「カリフォルニア星雲」．180mm F2.8．ISO25600．3.2秒露出．「超固定撮影」．

上と同じ画像をフラット補正後，多数コマコンポジットをしました．周辺減光を気にせずに，コントラスト強調できます．

比較暗合成による星の流れの改善（101ページで解説）

比較暗合成を使えば，星の流れを改善することができます．

通常の画像です．拡大すると星は流れています．「M46・M47」，200mm F4．ISO25600．2秒露出．「超固定撮影」．部分拡大して掲載しています．

比較暗合成で星の流れが改善されました．ただし，やりすぎは禁物です．

パソコンで美しく仕上げる方法

■星空の写真は，撮影した画像をそのまま見せるより，パソコンの画像処理でより美しく仕上げることができます．一般写真でも色調やコントラストの調整などは行われますが，天体写真では独特なテクニックも多くあります．それらを解説していきましょう．

📷 画像処理あっての天体写真

　銀塩フィルムの時代から，天体写真の歴史はコントラスト強調の歴史でもありました．天の川や星雲は特に微弱な光なので，長時間露出して撮影してもなお存在が認めにくいため，コントラストをつけなければいけませんでした．フィルムは増感現像をしたり，焼付けには硬調印画紙を使ったり，あるいは，ネガ二枚重ねという技法で淡い天体を何とか描出しようとしたものでした．このように天体写真の世界では，現像とプリントをDPE店（現像，焼付け，引き伸ばしを行う店）まかせにしない自家現像と自家引き伸ばしをすることが理想的でしたので，マニアックな趣味として捉えられていました．

　デジタルカメラの時代になり，フィルム現像はパソコンによるRAW現像に取って代わり，プリントはプリンターであっという間に美しい写真ができあがるようになっても，天体写真は，コントラスト強調を含む階調調整が基本であるという姿勢に変わりありません．

　星空の風景写真である星景写真では，表現が不自然にならないよう，あまりコントラストの強調処理をしないように心掛けますが，従来からの天体写真と呼ばれる地上を入れない天の川や星雲星団の写真は，画像処理によるコントラスト強調などを施して，目では見えないような星雲の淡い部分や微光星の表現に価値を見出してきました．これは，はるか彼方で繰り広げられている宇宙の営みを写し撮ることに，美しさを感じるからではないでしょうか．

　星空の撮影では，夜空が暗く透明度がよいほど，クリアでコントラストよく写り，画像処理でさらに人の関心をひくような写真に仕上げます．写りの良し悪しには，空の条件が大いに関係します．しかし，悪い条件下で撮影された画像でも，画像処理である程度は改善もできます．

　パソコンによる画像処理でのコントラスト調整は簡単にできますが，コントラストをつけることによってノイズが目立つという相関関係があり，これを解消するには，多数のコマをコンポジットすることによってノイズの少ない滑らかな画質に改善してやると，いろいろな画像処理に耐えうる耐性の強い画像になります．

　このように天体写真は，撮影と画像処理をセットで扱ってこそ真価を発揮します．

　天体写真はそもそも科学写真として始まりました．現在では，鑑賞写真としての側面も大いにフィーチャーされていますが，鑑賞写真として撮られた画像にもそこに星が写っている限り，天文学的な意義も含まれています．もしかしたら，何か新

しい発見に寄与することもあるかもしれません．天体画像処理には科学性を損なわないような慎重さも必要であると考えます．

画像処理の汎用ソフトと天体専用ソフト

　天体画像を画像処理するためには，アドビのフォトショップのようなさまざまな画像処理に対応している高機能なフォトレタッチソフトも使いますが，アストロアーツのステライメージのような天体画像専用のソフトもあります．

　多数コマのコンポジットは，天体画像ではよく行われる処理です．一般写真では，数十コマにも及ぶコンポジットは普通行いませんので，フォトショップであろうとも苦手としていますが，天体画像処理のためにつくられたステライメージでは，この多数コマのコンポジットを自動で行う機能があり，手間いらずです．他にも天体画像用に便利な機能が満載です．

　このような天体画像処理専用に開発されたソフトは，プロの天文台で行われている技術を踏襲していて本格的なものです．

　汎用フォトレタッチソフト，天体専用ソフトどちらにも，フリーで提供されているソフトがあります．フリーソフトは使用感に少々難点がある場合もありますが，機能的には有料ソフトに引けを取りません．

　コンポジットを必要としない1コマだけで表現する星景写真では，デジタルカメラに付属しているRAW現像ソフトだけでも十分事足りることが多いです．

コンポジット前の1コマ画像をコントラスト強調しました．画像は粗れています．星雲部分を拡大しています．

55コマをコンポジット（加算）しました．コントラスト強調にも耐えうる滑らかな画像になっています．

共通データ：系外銀河 M81・M82（超固定撮影）．
キヤノンEOS 6D（赤外改造）．ニッコールED180mmF2.8．開放．ISO25600．5秒露出（1コマ）．

📷 カメラに付属のRAW現像ソフト

デジタル一眼を買うとRAW現像ソフトが付属しています．RAW画質で撮影した画像を開き，明るさ調整やホワイトバランス調整などの画像処理ができるソフトです．RAW画像はカメラメーカーによってそのファイル形式が違います．たとえばキヤノンの場合にはCR2，ニコンはNEFという拡張子がファイル名に付きます．したがって，キヤノンではDigital Photo Professional（以下DPP），ニコンではViewNX 2といったカメラメーカー独自のソフトを添付しています．その他のカメラメーカーでも同じです．フォトショップのようなフォトレタッチソフトでは，あらゆるカメラメーカーのRAW形式が読み込めます．

付属のRAW現像ソフトでは，コンポジットはできませんので，「超固定撮影」法には，このソフト1本で完結することはできず，後述の天体画像処理用ソフトが必要となりますが，コンポジットをしない星景写真のような通常の固定撮影では，RAW現像ソフトでいろいろなことができます．何ができるのか見ていきましょう．キヤノンのDPPを例に解説します．

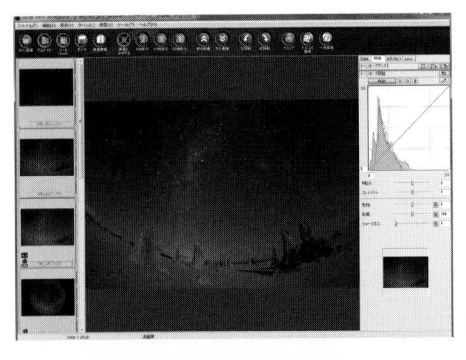

キヤノンカメラに付属している Digital Photo Professional．

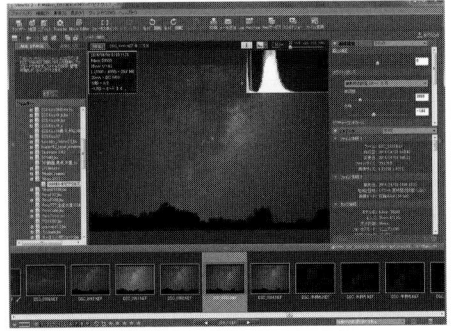

ニコンカメラに付属している ViewNX 2．

パソコンで美しく仕上げる方法

明るさとホワイトバランスの調整（カラー73,74ページ参照）

　RAW画質で撮影した場合に最も有意義なことは，明るさとホワイトバランスの調整がRAW現像ソフトでできることです．JPEG画像では，画像処理をやりすぎると破綻してしまいますが，RAW画像は白飛びと黒つぶれの無い範囲で，画質の破綻なく明るさや色の調整ができます．星空の写真は，適正露出とホワイトバランスの決定が難しいため，RAW現像での調整は不可欠となります．もし，露出に失敗してしまったり，色に不満があっても救済できる可能性があります．

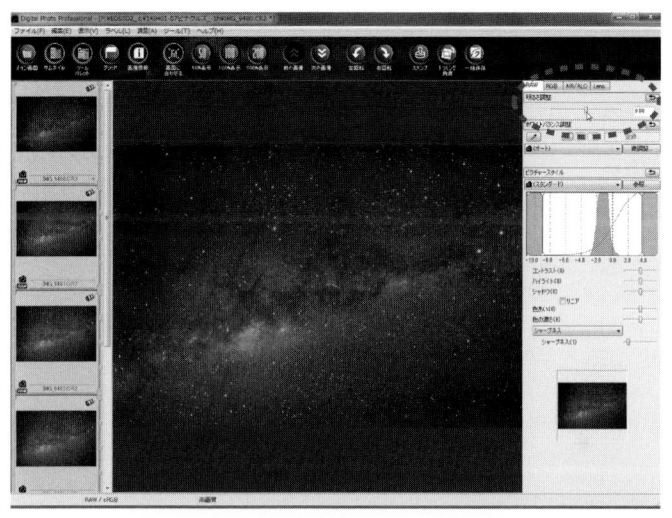

明るさ調整のスライダー．キヤノンのDPPでは，-2から+2までの調整ができます．露出補正と同じです．たとえば，ISO1600で撮影したのに露出不足であった場合，+1に設定すれば，ISO3200で撮影したのと同じ明るさになり，それで適正露出になれば貴重な星空の写真が救えることになります．

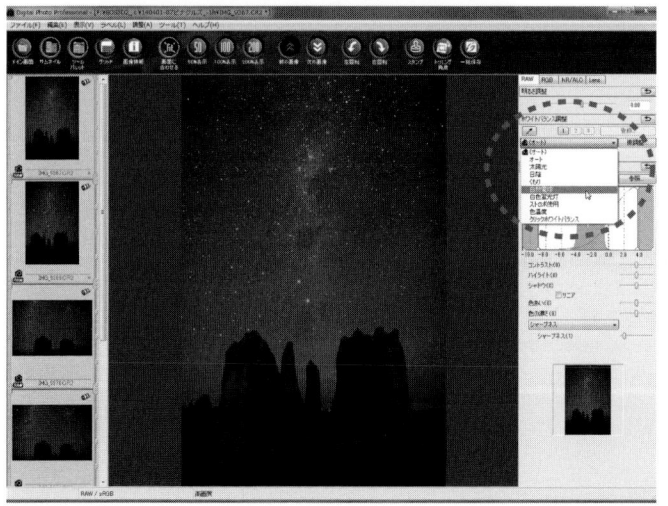

ホワイトバランス調整．プルダウンメニューで，オート，太陽光，白熱電球，色温度など選べます．色温度K（ケルビン）をスライダーで任意に設定できます．色温度は高くすると赤く，低くすると青く変化します．

85

ノイズリダクション（カラー75ページ参照）

　RAW現像では，ノイズリダクション（ノイズ低減）の調整もできます．撮影時のカメラ設定で，高感度撮影時のノイズ低減「弱」，「標準」，「強」を選択できますが，この設定は，DPPでの画像表示の際には反映されますが，設定値を情報として持っているだけで，画像はRAWのまま保持しているため，DPPのRAW現像でノイズ緩和レベルを変更することができます．

　高感度にするほど輝度ノイズと色ノイズが目立ってきます．ノイズリダクション機能を利かせていない画像を見ると，輝度ノイズは，ザラザラした粒状感をもってあらわれ，色ノイズは，赤，青，緑の画素の色が強調されて，色が無いはずのバックグラウンドにも色がのってしまっています．

　DPPでノイズリダクション調整を行ってみると，輝度ノイズについては，ノイズ緩和レベルの数値を上げていくにつれて輝度情報へのぼかし具合が強くなり，ザラザラ感が無くなっていきます．大きな数値にすると一見滑らかになりますが，解像度が落ちてシャープ感が無くなり，精細な画像は望めなくなります．また，色ノイズについては，ノイズ緩和レベルの数値を上げていくにつれて色情報だけぼけていきます．このようにして，ノイズの緩和を行うのですが，やり過ぎは不自然な結果を招きます．どれくらいノイズを緩和するかは好みによりますが，星空の撮影の場合，輝度ノイズを緩和し過ぎると微光星が消えてしまいますので，注意しましょう．

　ノイズリダクション機能はニコン ViewNX 2にはありません．別売りのCaptureNX 2にはこの機能があります．

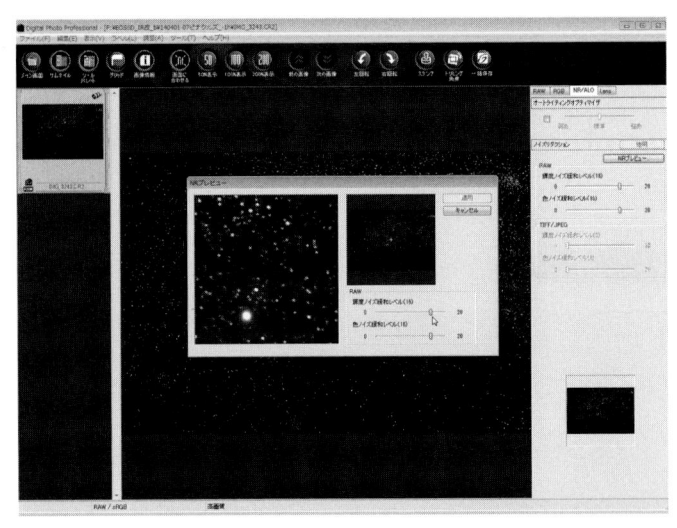

DPPのノイズリダクション画面．輝度ノイズと色ノイズのスライダーをドラッグして調整します．

レンズ収差補正（カラー76ページ参照）

これまでカメラレンズに発生する諸収差を改善するには，レンズの絞りを絞ることによって対応してきました．しかし，デジタル時代になって，これらの諸収差も画像処理によって解決できるようになりました．なるべく絞りを開けて撮像素子にたくさんの光を受け入れたい星空の撮影では，絞り込まなくてもRAW現像で収差補正ができることはこの上もない朗報です．

DPPではキヤノンの対象純正レンズであれば，収差補正が可能です．DPPでできる収差補正は，周辺光量，色収差，色にじみ，歪曲です．

周辺光量補正はコントラストをつけたい天体写真ではとてもありがたい機能です．コントラストを強調すると周辺の減光が目立って，綺麗な写真にならないからです．

このDPPでいう色収差は倍率の色収差のことで，画像周辺で発生した色ずれを補正します．

「超固定撮影」法では，多数のコマをコンポジットしたときに周辺像が合わなくなることがあります．これは標準レンズより長い焦点距離のレンズであれば，コンポジットをする前に歪曲収差補正を全画像に実行しておくことで解決できます．ただし，広角レンズは歪曲収差以外に広角歪みの影響も受けていますので，補正しきれません（69ページで解説）．

レンズ収差補正機能はニコン ViewNX 2にはありません．別売りの CaptureNX 2にはこの機能があります．

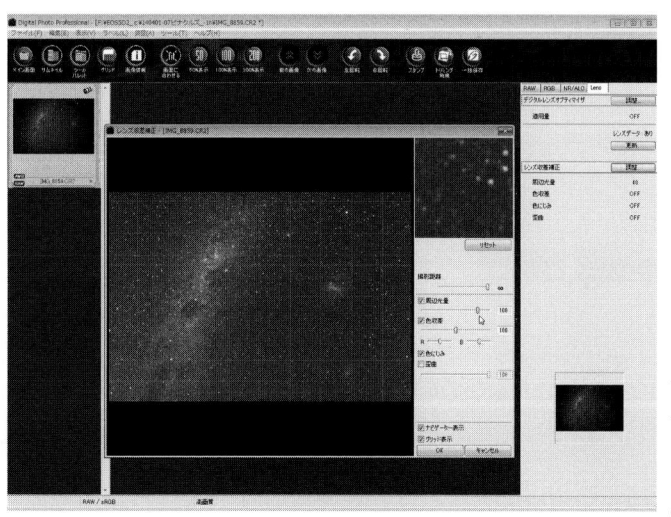

DPPのレンズ収差補正画面．周辺光量補正は天体撮影にはうれしい機能です．歪曲収差補正も「超固定撮影」法には有用です．

📷 フォトレタッチソフトの定番 フォトショップ

　アドビ フォトショップは，長年フォトレタッチソフトの定番として君臨しています．デザイン，出版，映像，CGなどクリエイティブな世界でプロが業務用に愛用するツールです．ただ，趣味で使うには高価であることがネックでしたが，2013年からアドビ CC（Creative Cloud）となって，パッケージ版の販売はなくなり，月毎か年間契約による課金制になりました．これには賛否両論あるとしても，最強のフォトレタッチソフトであることは疑いの余地がありません．

　フォトショップには，すばらしい機能が満載されています．色調補正におけるトーンカーブは，今でこそさまざまな画像処理ソフトに実装されていますが，フォトショップがその先駆的役割を担いました．

　フォトショップが優れた画像処理ソフトで有り得る特長のひとつとして，レイヤーの積み重ねによる合成があげられます．このレイヤー機能は，コラージュ写真の制作に使われますが，天体写真には，画像を滑らかにするために，重ねて平均化するコンポジットや，写っている天体を部分的に隠して画像処理するためのマスクを作るためにも使われます．

　かつては，フォトショップによる天体画像処理法がいくつも開発されましたが，現在では，天体画像処理専用ソフトが使いやすく進化し，少なくともコンポジット処理についてはフォトショップで行うことは少なくなりました．フォトショップは天体画像処理の仕上げに使われることが多くなっています．「超固定撮影」法もそのひとつです．多数コマコンポジットした後のフィニッシュ処理に重宝します．

　デジタルカメラの新製品が発売されると，そのRAW形式に即座に対応したり，多くのカメラレンズの収差補正にも対応しています．

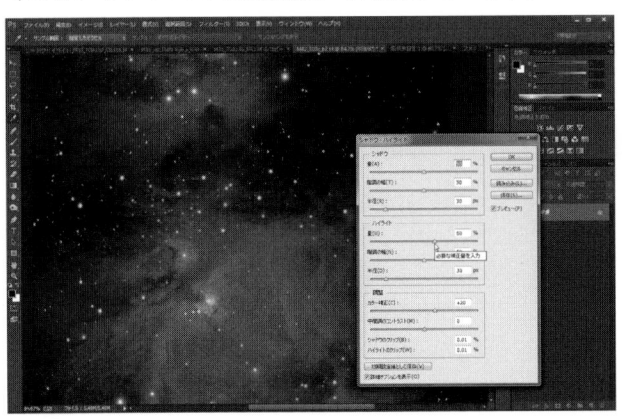

フォトショップ画面．
シャドウ・ハイライトを設定しているところ．

興味深いシャドウ・ハイライト機能

　フォトショップには，シャドウ・ハイライトというとても強力な機能があります．暗いシャドウ部を明るくし，明るい飽和していないハイライト部の明るさを落として，人の目で見た印象に近づけようとする機能です．写真では明るい部分は白く飛び，暗い部分は黒く何が写っているのかよくわからないということになりがちですが，それを改善してくれます．天体写真では，明るい部分から淡い部分への輝度差の大きい天体，例えばアンドロメダ銀河（M31），オリオン大星雲（M42），プレアデス星団（M45）などに使えます．HDR（ハイダイナミックレンジ）処理のような，階調圧縮をする機能です．スライダーを動かすだけという，とても簡単な操作で効果を確認できます．高輝度部にレイヤーマスクをかけて階調を圧縮するという方法もありますが，コントラストの付け方が難しく，シャドウ・ハイライトの方が，メリハリのある画像になります．このページに掲載のアンドロメダ銀河（M31）は，通常の撮影では飛んでしまう銀河中心部をシャドウ・ハイライトの効果を見るために，強めに処理してみました．中心部の渦巻き構造がよくわかります．

アンドロメダ銀河（M31）．
通常の画像処理．冷却CCDカメラで撮像．

シャドウ・ハイライトで，中心部が飛ばないように処理しました．

📷 フリーソフトのフォトショップ GIMP 2

　GIMP 2は，http://www.gimp.org/ でダウンロードできます．トーンカーブによる色調・明るさ・コントラストの調整，ホワイトバランスの調整，シャープやぼかしのフィルター，画像の変形，サイズ変更はもちろんのこと，レイヤーによる合成もでき，まさに，"フリーソフトのフォトショップ"とも言える存在です．レイヤーは，天体写真では備えていて欲しい機能のひとつであり，コンポジットが可能です．ただし，「超固定撮影」法で使用する大量のコンポジットには，フォトショップと同様に苦手で，多数コマのコンポジットを行うことの便利さは，後述する，アストロアーツのステライメージやフリーソフトの DeepSkyStacker のような天体専用画像処理ソフトに譲ります．

　JPEG，TIFF，PSDなど多くのファイル形式を読み込むことができますが，フォトショップのように各カメラメーカーのRAW形式や16bit画像を読み込むことはできません．しかし，UFRaw（http://ufraw.sourceforge.net/）というRAW形式を開き，GIMP 2に転送できるフリーのプラグインがあります．ただ，フリーソフトゆえ，パソコンの動作環境によりうまくいかない場合もありますので，留意してください．UFRawは単独でも使えます．

　やはり，フォトショップ同様，コンポジット後の仕上げの画像処理に有用です．

GIMP 2のホームページ．ダウンロードして無料で使えるフリーソフトです．

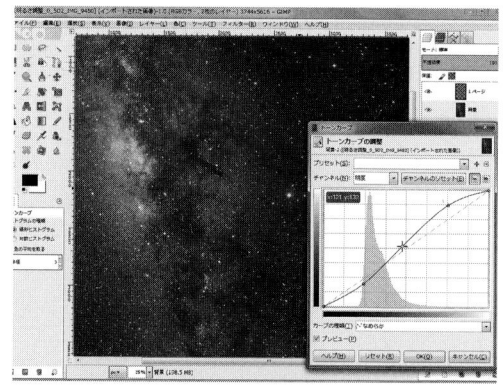

GIMP 2の画面．さまざまな画像処理機能を備えています．トーンカーブでS字を描くと，自然な感じでコントラストを付けることができます．

細かく調整できるトーンカーブ（カラー77ページ参照）

　GIMP 2 は，階調を細かく操作できるトーンカーブを搭載しています．たくさんのポイントを配置しても滑らかなカーブを描いて調整できるところなどは，フォトショップ並みです．このトーンカーブで，自在に階調の部分的な上げ下げができます．明るさ・コントラスト調整よりトーンカーブのよいところは，左下と右上の角のポイントを動かさなければ，黒つぶれと白飛びが発生せず，ダイナミックレンジを保持したままコントラストの調整ができるところです．

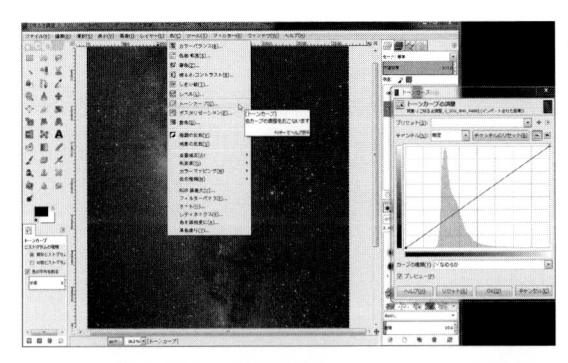

[メニューバー] の [色] から [トーンカーブ] を選択すると，[トーンカーブ] ダイアログが開きます．

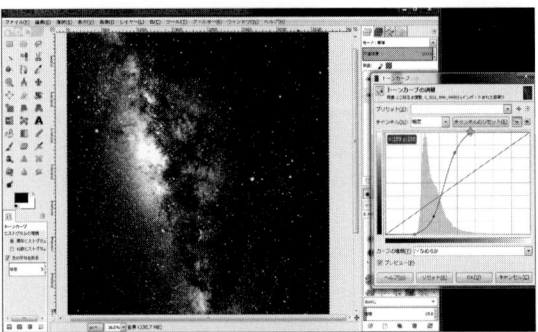

カーブの下と上を直線にすると，黒はつぶれ，白は飛びます．

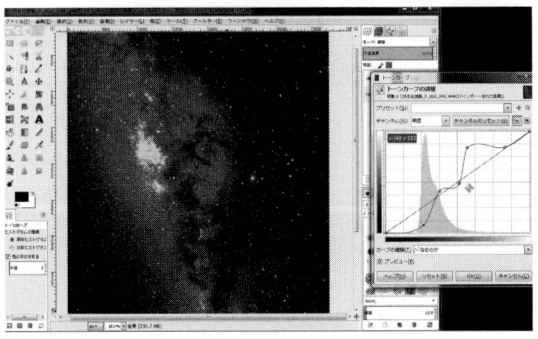

ポイントを増やしてカーブを上げ下げしました．自由にカーブを描けます．ただ，アート作品にはよいですが，科学的側面をもつ天体写真には，突拍子もない表現は控えましょう．

📷 「多数コマコンポ」は天体専用画像処理ソフトで！

　天体写真には，一般写真とは異なる画像処理を施すことがあります．星景写真には，あまりこの処理をしません（もちろん，行ってもまったくかまいません）が，強いコントラスト強調が必要な星雲星団の写真に施すと絶大な効果があり，美しい写真に仕上がります．その画像処理とは，ここまで何回も書いてきました「多数コマコンポジット」と，ここから初めて触れます，「ダーク補正」と「フラット補正」です．これらは，天文台の大型望遠鏡による天体撮影では基本的な処理で，アマチュアの天体写真愛好家も行っています．ダーク・フラット補正については，95ページから解説します．

　この三つの画像処理については，フォトショップのようなレタッチソフトではなく，天体写真専用に開発された画像処理ソフトで行う方が，はるかに便利です．たくさんのコマのコンポジットには，一括で自動処理してくれますし，ダーク補正は引き算，フラット補正は割り算の計算をするのですが，それらの演算方法は天体画像用に設計されていて，天体専用画像処理ソフトにしかできないと言っても過言ではありません．

　本書で紹介する天体専用ソフトは，アストロアーツのステライメージ7と，フリーソフトの DeepSkyStacker（以下DSS）です．

　ステライメージ7は，コンポジット機能はもちろん，デジタル現像やLab色彩強調など天体画像処理におけるあらゆる機能を持っています．何と言っても，浮動小数点演算処理をしていることが大きなメリットです．96ビットスーパーカラー処理エンジンにより，ほぼ無限と言っていいほどの階調を扱うことができます．つまり，微小な階調差を抽出することにより，淡い星雲部分を表現できたり，最大の特長は，コンポジットで多くのコマを加算しても飽和しないことです．

　DSSは，http://deepskystacker.free.fr/english/index.html でダウンロードできるフリーソフトです．基本的に英語版で，スペイン語やフランス語など多くの国の言語に対応していますが，残念ながら現在のところ日本語版はありません．ダークとフラット補正をして，コンポジットまでを自動的に一括で処理してくれる，とても便利なソフトです．

パソコンで美しく仕上げる方法

📷 多数コマコンポジットをするには?

「超固定撮影」法では，撮影画像をパソコンで多数コマコンポジットしますが，前述の通り天体専用画像処理ソフトで行います．ステライメージ7とDSSによる処理手順については後述します．

どちらのソフトもバッチ処理により，多数のコンポジットする画像を選択するだけで，自動で一気に合成をしてくれます．「超固定撮影」では，ガイド撮影と違って日周運動で星が画像内で移動していきますが，どちらのソフトでも位置合わせについても自動化していて，基準星を設定する必要すらありません．回転までも計算して実に正確に合成してくれます．ただし，終了までには時間がかかります．処理時間については，パソコンの処理能力と，コンポジットをするコマ数によりますので，一概には言えませんが，処理中はひまですから，お茶でも入れて待つことにしましょう．

美しい写真にするためには，ダーク補正とフラット補正も行いますが，ステライメージでは，これらもバッチ処理が可能です．DSSに至っては，ダーク画像（ダークフレーム）とフラット画像（フラットフレーム）を天体画像といっしょに選択すれば，コンポジットの時にダーク・フラット補正も一緒に行ってくれます．

コンポジットする天体画像はRAW画像を使用します．もちろん，ダークフレームとフラットフレームもRAW形式で撮影したものを使います．

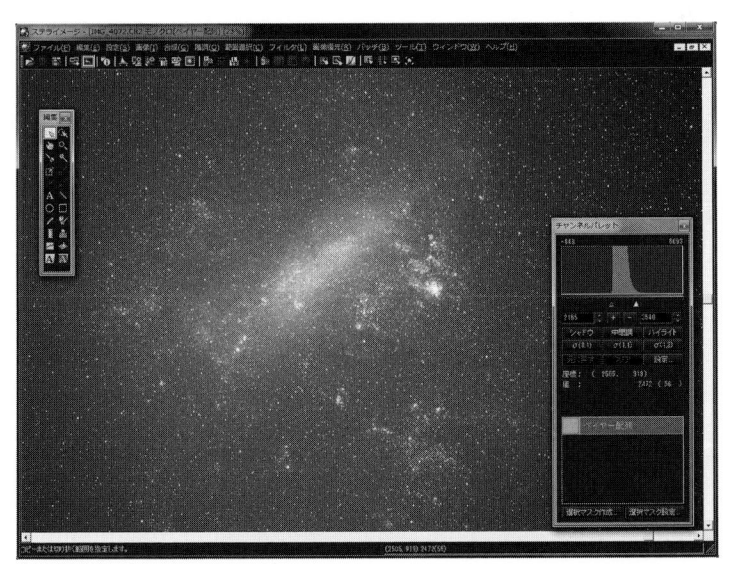

ステライメージ7の画面．

コンポジットにもいろいろある

　コンポジットと言っても，加算，加算平均，加重平均，中央値などいくつもあります．ステライメージではいずれかを選択できます．その中で，「超固定撮影」法で多数の天体画像のコンポジットに使うのは，加算か加算平均のどちらかです．

　一度にコンポジットするときには，加算でも加算平均でもどちらでもかまいません．階調の表示レベルの数値幅は加算の方が大きくなりますが，コンポジットにより改善された画質は変わりません．ステライメージは浮動小数点演算をしますから，加算を続けても画像が飽和することがありません．

　メモリーが小さいなどの理由によるパソコンの能力の関係で，一度にたくさんのコンポジットができない場合には，複数回に分けてそれぞれの結果を保存しながらコンポジットしなければならないことがありますが，最終的にその複数のコンポジット画像を統合する方法の場合には加算を使います．加算であれば，すべての画像を対等に積み上げられるからです．ダークとフラットフレームのコンポジット方法は加算平均，σクリッピング，中央値などで平均化します．加算は使いません．

多数コマコンポジットの概略プロセス

　まず，前処理として天体画像用の複数のダークフレームをコンポジットします．
① 複数のダークフレームをコンポジット（加算平均 or σクリッピング or 中央値）
→「マスターダーク」

　これも前処理ですが，ダーク減算したフラット画像をコンポジットします．
② 複数のフラットフレーム用のダークフレームをコンポジット（加算平均 or σクリッピング or 中央値）→「フラットフレームのマスターダーク」
③ 複数のフラットフレームのそれぞれを②で減算
④ 複数の③をコンポジット（加算平均 or σクリッピング or 中央値）
→「マスターフラット」

　多数の天体画像それぞれにダーク補正とフラット補正をします．
⑤ 多数の天体画像を①で減算→「ダーク補正」
⑥ ⑤の「ダーク補正」をした多数の天体画像を④で除算→「フラット補正」

　いよいよダーク補正とフラット補正がなされた多数の天体画像のコンポジットです．
⑦ 補正された多数の天体画像⑥をコンポジット（加算あるいは加算平均）

　これで，多数コマコンポジットの完成です．きちんと手順を踏むと，よい結果が伴います．次のページから，ダーク補正とフラット補正の詳細を解説します．

パソコンで美しく仕上げる方法

📷 ダーク補正とは？

多数コマコンポジットで美しく仕上げるための前処理として，ダーク補正とフラット補正を行います．手間がかかり，わずらわしく感じるかと思いますが，これらの手順を踏むか踏まないかで，ずいぶん結果は変わります．

ダーク補正とは，デジタルカメラに発生するダークノイズ（暗電流ノイズとも呼びます）を除去することです．このダークノイズは，温度と露出時間によって発生量が変わります．高温で，露出時間が長くなるほど点状のノイズが多くなります．

ダーク補正の方法は，撮影された天体画像（ライトフレームと呼びます）から，ダークフレームを減算します．

ダークフレームの撮影方法

カメラに光が入らないようにキャップをします．光漏れは絶対に無いよう注意してください．そして，ダークフレームはライトフレームと「同じ露出時間」，「同じISO感度」，「同じ外気温」で撮影したものを使わなければいけません．

ライトフレーム撮影直後にダークフレームも撮影し，それぞれをペアでダーク補正した画像をコンポジットするのがあくまでも理想です．デジカメの「長秒時ノイズ低減」の機能をオンにして，撮影ごとにダーク補正をしているのと同じことになります．しかし，撮影の終了までに倍の時間がかかり，貴重な天体撮影の時間を無駄にしてしまいます．そこで，ライトフレーム撮影と気温があまり変わらない時間帯に，ダークフレームを複数コマ撮影する方法をとります．

後のパソコンによる画像処理で，複数コマのダークフレームをコンポジットで平均化します．それを多数コマ撮ったライトフレームそれぞれから減算します．

ダークフレームのコマ数は，ライトフレームと同じが理想的ですが，経験的に10コマ程度でも実用になります．

ダークフレームの一例．わかりやすくするために，部分拡大，コントラスト強調をしています．

📷 フラット補正とは？

多数コマコンポジットの前処理として，ダーク補正と同様に重要なのが，フラット補正です．フラット補正は，天体画像（ライトフレーム）からフラットフレームを除算するのですが，これを行うと，レンズの周辺減光による影響を補正し，画像周辺の光量落ちが改善されます．コントラスト強調をしたいケースが多い天体写真では，周辺減光のある画像にコントラストを付けると，周辺減光が目立ち過ぎる写真になってしまいます．

また，撮像素子（イメージセンサー）に乗ったゴミも除去されます．撮像素子にゴミの付きやすいデジカメにはとてもありがたいことです．ただし，ゴミの位置がずれてしまいますとうまく除去されませんので，ゴミが移動しないうちにフラットフレームを撮影したいところです．（カラー79ページ参照）

フラット補正前の天体画像．周辺減光と，画面左に大きなゴミが乗っているのがわかります．

フラットフレーム．周辺減光とゴミだけが写っています．

フラット補正後．周辺減光もゴミも無くなりました．

フラットフレームの撮影方法

　フラットフレームは，補正する天体画像（ライトフレーム）と同じレンズで撮影します．ライトフレーム撮影でフードを使用していたら，フラットフレーム撮影も同じようにフードを取り付けた状態で行います．ライトフレームと「同じピント位置」，「同じ絞り値」でなければなりません．ISO感度は画質を考慮して，ISO100でよいでしょう．ただ，天体画像処理用フリーソフトのDeepSkyStackerでは，フラットフレームと同じISO感度を推奨していますが，超高感度を使用する「超固定撮影」法では，高いISO感度で撮影したフラットフレームの使用は画質低下を招くため，やめた方がよいと思われます．

　レンズの前には，光が均一に入ってくるように乳白色のアクリル板をかざします．昼間の空であれば，レンズを向ける方向もなるべく均一であることが望ましいので，晴天で太陽から離れた方向が最良です．浮雲のある方向は避けます．ベタ曇りの空や，星が見えない薄明中の空でもよいでしょう．他には障子越しに撮ったり，EL板やライトボックスを使うのも方法です．

　撮影モードは絞り優先オートでよいでしょう．撮影画像のヒストグラムを確認して，山が真ん中あたりにあればOKです．露出オーバーで飽和した画像は使えません．後のパソコンによる画像処理で，複数コマのフラットフレームをコンポジットします．1コマのフラットフレームより，たくさんのフラットフレームを平均化したものを使った方が美しく仕上がるからです．コマ数は多いほど有利ですが，経験的に10コマ程度で実用になります．

　フラットフレーム撮影と同時に，フラットフレームのダークフレームも撮影します．これは，ライトフレームのダークフレーム撮影と同じ要領で，キャップをして，フラットフレームを撮影したときと「同じ露出時間」，「同じISO感度」，「同じ外気温」で撮影します．これも経験的に10コマ程度で実用になります．

乳白色アクリル板によるフラットフレーム撮影．　　　　　　　障子によるフラット撮影．

📷 天体画像処理ソフトの定番 ステライメージ7

　アストロアーツのステライメージ7は，日本製の天体用画像処理ソフトとして最も機能を有しています．多くのコンポジット法が使えるほか，周辺減光／カブリ補正，階調を整えるデジタル現像，星だけにマスクができる選択マスク，カラーバランスを自動調整するオートストレッチなどは，天体画像処理に欠かせない機能となっています．また，各種デジカメのRAW形式に対応しています．

ステライメージ7による多数コマコンポジット処理手順

　基本的な流れを解説します．まずダーク・フラットフレームをコンポジットする前処理から始めます．

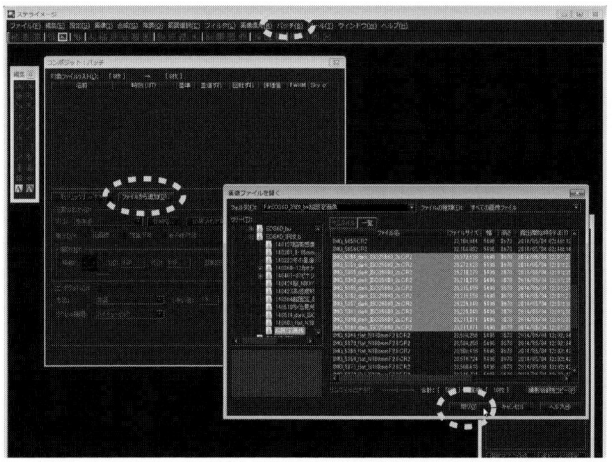

バッチでダークフレームを開く
ツールバーの[バッチ]から{コンポジット}をクリックして開いた，[コンポジット：バッチ]ダイアログから[ファイルから追加]をクリックします．開いた，[画像ファイルを開く]ダイアログから、ダークフレームを複数コマ選択し，[開く]ボタンをクリックします．

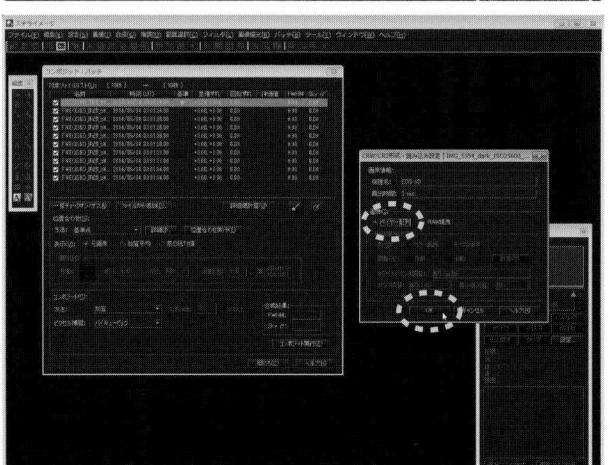

読み込みはベイヤー配列で
対象ファイルリストにダークフレームのファイルが並びます．開いた，[読み込み設定]ダイアログの[画像]のところで，[ベイヤー配列]のラジオボタンにチェックを入れ，[OK]をクリックします．ベイヤー画像とは，カラー化する前のモノクロ元画像のことです．ベイヤー画像の状態で，ダーク・フラット補正を施します．

パソコンで美しく仕上げる方法

ダークフレームをコンポジット
[コンポジット]の[方法]のプルダウンメニューから，[加算平均]，[加算平均(σクリッピング)]，[中央値]のいずれかを選択します．有効な選択は，突出したピクセルを除外してくれる[加算平均(σクリッピング)]ですが，[中央値]とともに処理にとても時間がかかります．ノイズ的に特に問題を感じなければ，短時間で処理が終わる[加算平均]でもよいでしょう．[コンポジット実行]をしたら，[閉じる]で終わります．

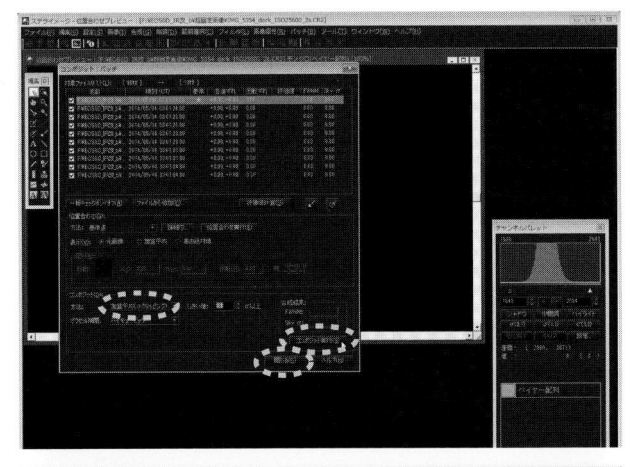

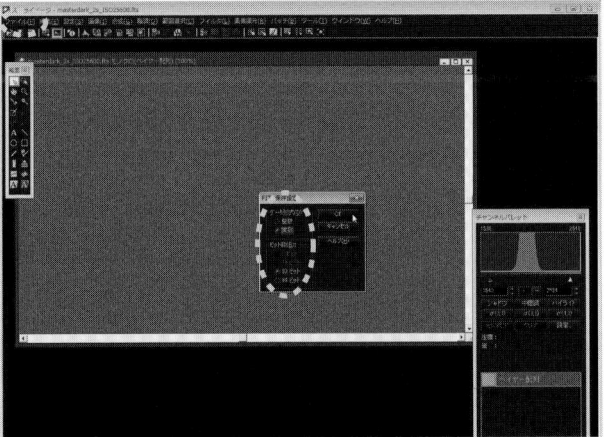

マスター3種類の作成と保存
コンポジットが完了したダークフレームを，ツールバーの[ファイル]の{名前を付けて保存}から「マスターダーク」としてFITS形式の実数，32ビットで保存します．「マスターダーク」と同じ要領でフラットフレーム撮影時に撮ったフラットフレーム用のダークフレームとフラットフレームもそれぞれコンポジットし，「フラットフレームのマスターダーク」と「マスターフラット」を作成して保存します．ここまでが，ダーク・フラットフレームの前処理です．

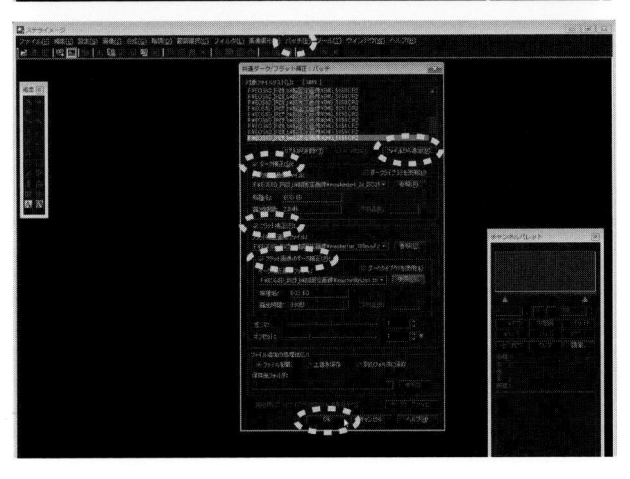

共通ダーク・フラット補正
ツールバーの[バッチ]から{共通ダーク/フラット補正}をクリックして開いた，[共通ダーク/フラット補正：バッチ]ダイアログで，まず，[ファイルから追加]でコンポジットする多数の天体画像を選択します．次に，[ダーク補正]，[フラット補正]，[フラット画像のダーク補正]にチェックを入れ，それぞれの[参照]から「マスターダーク」，「マスターフラット」，「フラットフレームのマスターダーク」を選択して，[OK]をクリックします．

99

ベイヤー・RGB変換

コンポジットする多数の天体画像が，ダーク・フラット補正されて表示されます．メインバーの[ベイヤー・RGB変換]ボタンをクリックして開いたダイアログの[カラー画像]ラジオボタンにチェックを入れ，[OK]をクリックして，ベイヤー画像をカラー化します．これは全天体画像，一コマずつ行います．注意として，フラット補正がうまくいくか，ダーク・フラットのバッチによる補正をする前に，1コマ画像で確認しておきましょう．

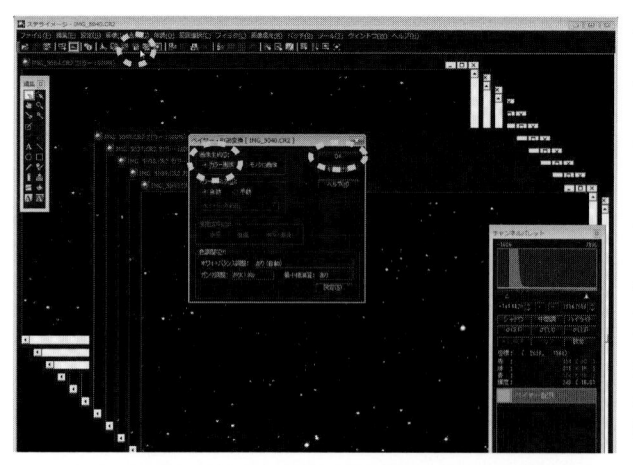

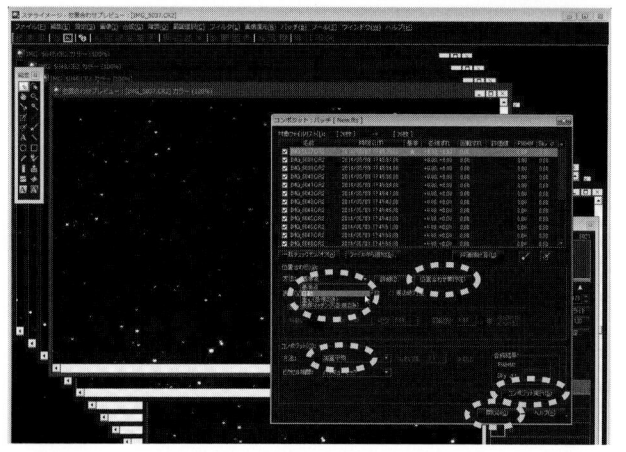

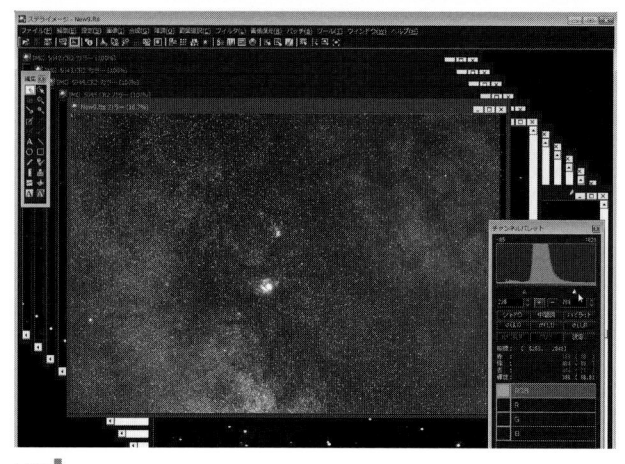

バッチで自動位置合わせとコンポジット

ツールバーの[バッチ]から{コンポジット}をクリックして開いた，[コンポジット：バッチ]ダイアログの[位置合わせ]の方法のプルダウンメニューから[自動]を選びます．[位置合わせ実効]をクリックすると，自動的に位置合わせが始まります．位置合わせが終わったら，[コンポジット]の方法で，[加算]か[加算平均]を選択して[コンポジット実行]をクリックします．

画像の保存

コンポジットが終了したら，[チャンネルパレット]でレベル調整して結果を見ましょう．コンポジット完了のオリジナル画像として一旦FITS形式で保存してから，さまざまな画像処理をしていきます．

比較暗合成による星の流れの改善（カラー80ページ参照）

　望遠レンズによる「超固定撮影」の画像を強拡大して見ると，星の流れが生じているのがわかります．これは，比較暗合成である程度改善できます．

　ステライメージ7では，ツールバーの[合成]から[コンポジット]をクリックすると，[コンポジット]ダイアログが開きます．ウィンドウに表示されているファイル名が，現在開いている画像と同じであることを確認します．合成方法を[比較暗]にします．移動ボタンで星の流れている方向に画像を移動します．

　比較暗合成は画像の暗い方を優先するので，星の流れている方向に移動させれば，流れた星を短くすることができます．ただし，大きく移動させると画質の粗れが目立ったり，連続した星の間に無いはずの星が発生したりと不具合がおきますので，注意しなければいけません．必ずしも星が点状にならなくても，移動量は最大で2ピクセル以内にとどめておいた方が無難でしょう．比較暗合成はGIMP 2やフォトショップでもできます．

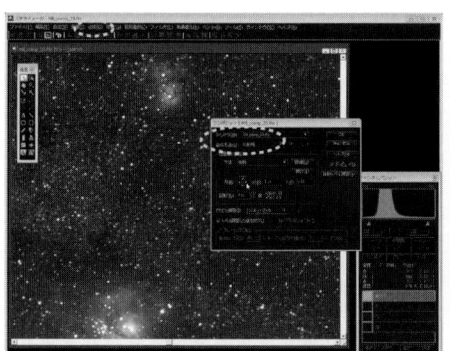

ステライメージ7による比較暗合成画面．

比較暗合成をする前の元画像．

1ピクセルのみ横に移動させました．
流れた星が短くなりました．

2ピクセル横に移動させました．
画質が粗れぎみで，星々に違和感があります．

📷 フリーの天体画像処理ソフト DeepSkyStacker

DeepSkyStackerを日本語にすれば，深宇宙（星雲星団）を積み重ねるソフト，といった感じでしょうか．文字通り，星雲星団の画像をコンポジットするソフトで，汎用のフォトレタッチソフトで行うには難しいことが，手数少なくできる天体画像処理専用フリーソフトです．

DeepSkyStackerは http://deepskystacker.free.fr/english/index.html からダウンロードできます．天体画像のコンポジットが主な機能で，「超固定撮影」法での多数コマコンポジットを行うのに最適なフリーソフトです．天体画像（ライトフレーム）とともに複数のダークフレームおよびフラットフレームを選択するだけで，ダーク補正，フラット補正とコンポジットを一括で処理してくれます．ダーク・フラットフレームをコンポジットする前処理をしておく必要がありません．

DeepSkyStackerによる多数コマコンポジット処理手順

基本的な流れで手順を解説します．表示される指示にしたがって順番にやっていけばよい，とても便利なソフトです．細かい設定は随時慣れてから試してみましょう．ヘルプを読むと，実は凄いことができる（星と彗星両方止めて合成できるStars＋Comet Stacking機能など）ソフトであることがわかります．

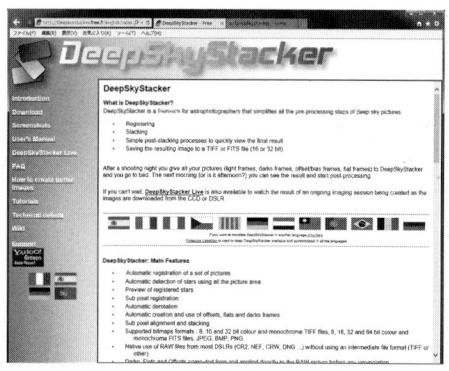

DeepSkyStackerのダウンロード画面

ライト・ダーク・フラット（ダーク）の各フレームを開く

[Open picture files]をクリックして，コンポジットに使用する多数のライトフレームを選択します．いろいろなデジカメのRAW画像が読み込めます．同じように[dark files]でダークフレーム，[flat files]でフラットフレーム，[dark flat files]でフラットフレームのダークフレームを選択します．[offset/bias files]は，この場合，選択の必要はありません．次に[Check all]をクリックします．全ファイルにチェックマークが付きます．

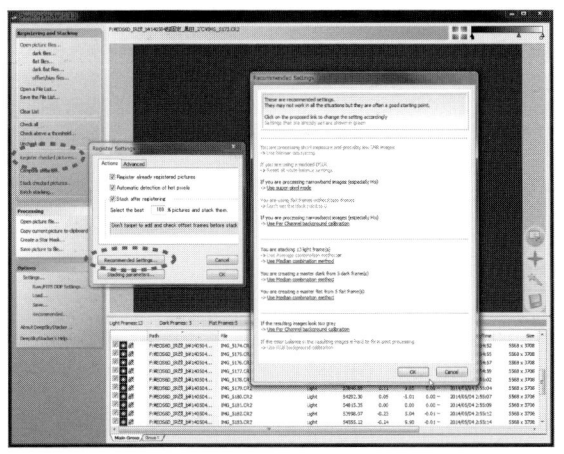

推奨設定の提示

[Register checked pictures]をクリックすると、[Register Settings]ダイアログが開きます。
そこで、[Recommended Settings]をクリックすると、[Recommended Settings]ダイアログが開きます。
ここでは、推奨される処理方法が提示されます。天体画像処理の専門的な知識を必要とする項目もありますが、文字を青から緑にすると推奨設定に切り替わったことを意味します。

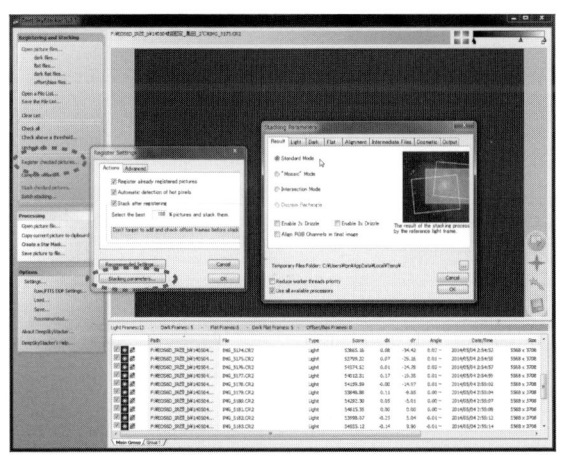

コンポジット法の設定

[Register Settings]ダイアログの[Stacking parameters]をクリックすると、[Stacking parameters]ダイアログが開きます。Stacking、つまりコンポジット方法の設定などを変更することができます。

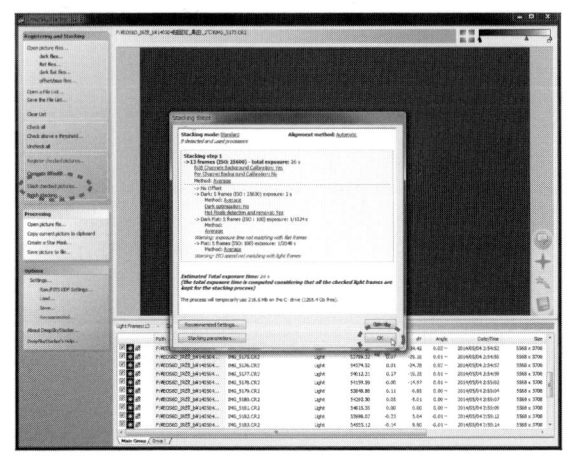

コンポジット実行への最終チェック

[Stack checked pictures]をクリックすると、[Stacking Steps]ダイアログが開きます。ここで、コンポジット実行に進む最終的なチェックをします。不適切な設定にはWarningの文字で注意されます。フラットフレームについては、「超固定撮影」で超高感度で撮影したライトフレームと低感度のフラットフレームを選択していると、ISO感度の違いを指摘されますが、そのままで進みましょう。[OK]をクリックします。

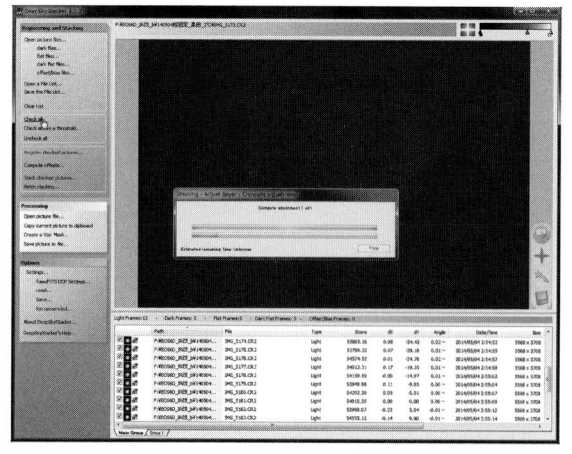

コンポジット処理中
ダーク・フラット補正とコンポジットがスタートします．しばらく時間がかかります．お茶でも入れて待ちましょう．

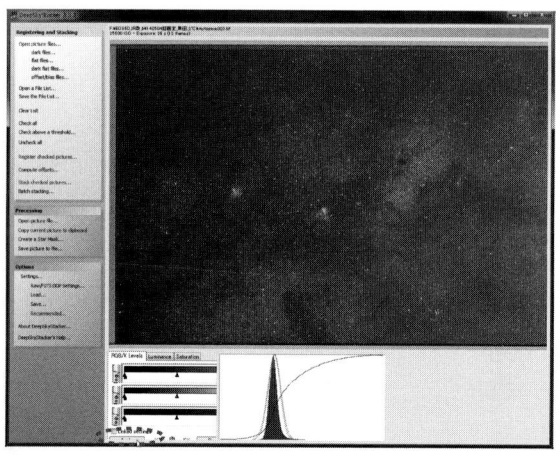

コンポジット終了
処理が終わり，画像が表示されました．下に表示されたProcessing Tabで，コントラストや色の調整ができます．Tabの左下にある[Apply]ボタンをクリックすることで，効果を適用します．なぜか，[Apply]ボタンの下半分が表示されません．

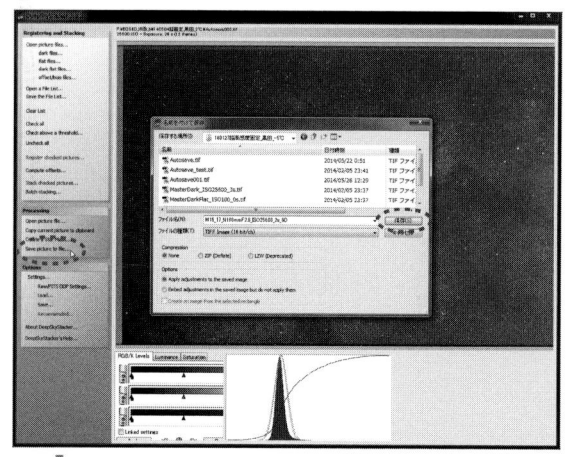

画像の保存
DeepSkyStackerでの色調調整では，最低限のことしかできませんので，他の天体画像処理ソフトか，フォトレタッチソフトへ持っていくために，[Save picture to file]をクリックして[名前を付けて保存]ダイアログから画像を保存します．そのときの保存するファイルの種類は，多くの画像処理ソフトで扱える，階調幅の広い16bit TIFFがよいでしょう．

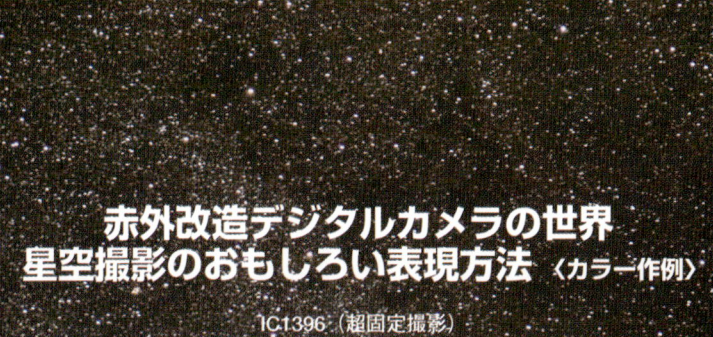

赤外改造デジタルカメラの世界
星空撮影のおもしろい表現方法 〈カラー作例〉

IC1396（超固定撮影）
キヤノンEOS 6D（赤外改造），ニッコールED180mm F2.8, 開放, ISO25600,
4秒露出×148コマをコンポジット（加算），愛知県豊田市稲武にて．

オリオン座といっかくじゅう座の散光星雲（超固定撮影）
キヤノンEOS 6D（赤外改造），SMCタクマー55mm F1.8→F2.8，ISO20000，
5秒露出×37コマをコンポジット（加算），愛知県豊田市稲武にて．

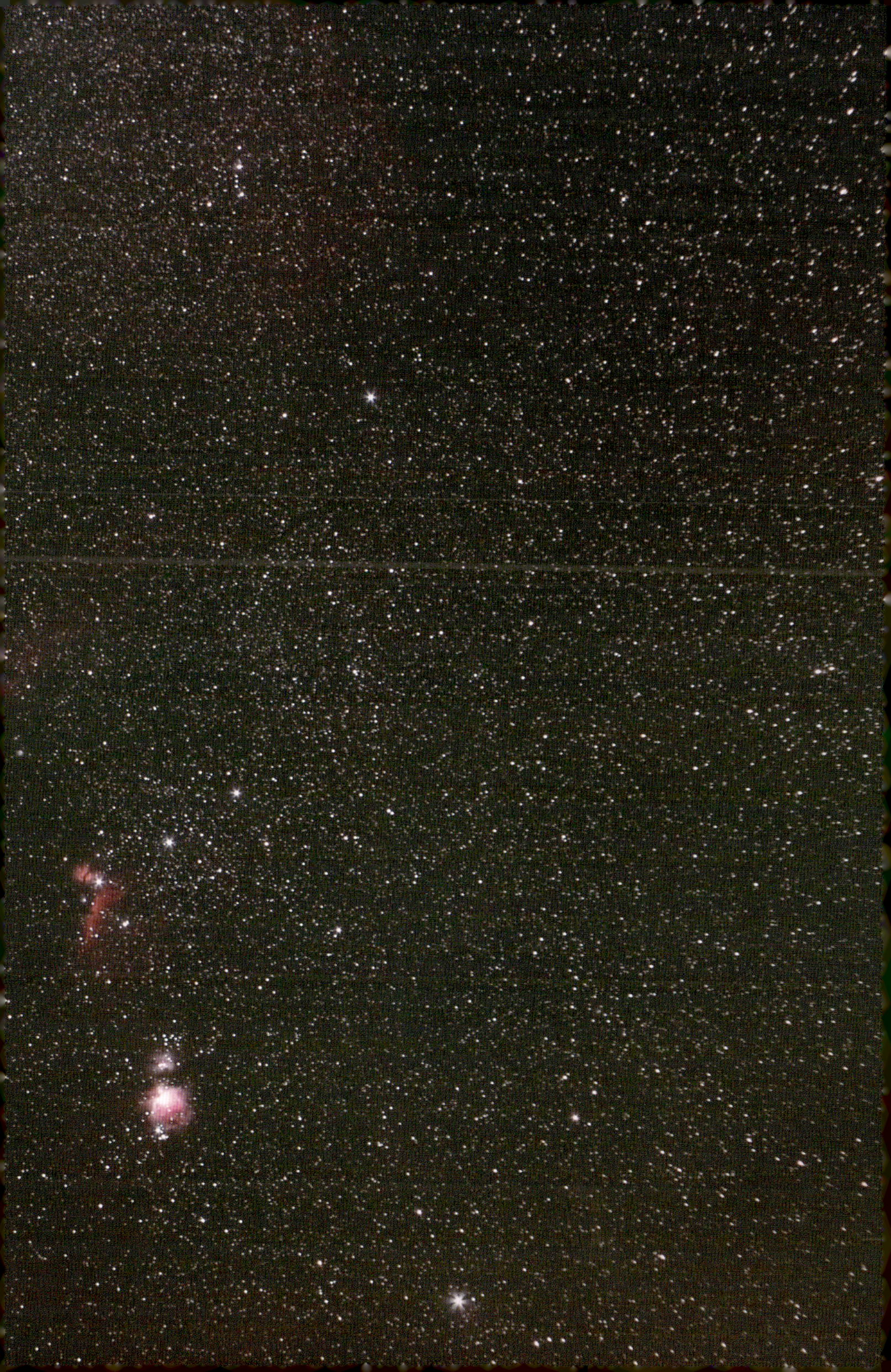

北アメリカ星雲（超固定撮影）
キヤノンEOS 6D（赤外改造），ニッコールED180mm F2.8，開放，ISO25600，
3.2秒露出×81コマをコンポジット（加算），愛知県豊田市稲武にて．

アンタレス付近（超固定撮影）
キヤノンEOS-6D（赤外改造），キヤノンEF200mm F2.8，開放，ISO25600，3.2秒露出×45コマをコンポジット（加算），西オーストラリア州にて．

近接星空写真（138ページから解説）

彼岸花と月
キヤノンEOS 5D MarkⅡ．シグマ24mm F1.8→F16〜2.8．13秒露出（ピント絞り可変）．
ISO200．LEDライト照射．愛知県半田市にて．

稲穂と秋の一つ星フォーマルハウト
キヤノンEOS 5D MarkⅡ．シグマ24mm F1.8→F22〜2.8．25秒露出（ピント絞り可変）．
ISO800．LEDライト照射．ソフト系フィルター使用．愛知県常滑市にて．

全方位パノラマ写真（141ページで解説）

モルディブ（全方位パノラマ）
キヤノンEOS 6D．シグマ8mm F4．開放．30秒露出．ISO6400．モルディブ・エンブドゥにて．

ピナクルズ（全方位パノラマ）
キヤノンEOS 6D（赤外改造）．キヤノンEF8-15mm F4→8mm．開放．30秒露出．ISO5000．
西オーストラリア・ピナクルズにて．

赤外改造デジタルカメラの世界

■天の川の中には，赤く写る散光星雲が各所に分布しています．この赤い散光星雲を撮影することは，天体撮影の中でも大きな魅力のひとつとなっています．その撮影方法を紹介します．

📷 天体撮影の醍醐味 淡い散光星雲を狙う

　天の川の中には赤く写る散光星雲が各所に分布しています．この赤い散光星雲を撮影することは，天体撮影の中でも大きな魅力のひとつとなっています．その撮影方法を紹介します．

赤い散光星雲とは

　散光星雲はHα線（656.3nmの波長）という赤い輝線を放射しているものが多く，これは人が見ることのできる可視光線から近赤外線側に近い領域の波長です．したがって肉眼では淡く見づらいか，まったく見えないものも少なくありません．そのような散光星雲の中にあってM42（オリオン大星雲）は最も明るいのですが，それでも人の目で赤い色はわかりません．

　散光星雲のおもしろさは，肉眼で星空を眺めても見えない天体が，撮影すると星座の中に浮かび上がるところにあります．ただし，赤いHα線が写るデジタルカメラでなければなりません．通常のカメラでは，赤い散光星雲が赤く写らないからです．Hα線がはっきり写るデジタルカメラはほとんどなく，赤外改造（赤外カットフィルター換装改造）を施したカメラが必要になります．

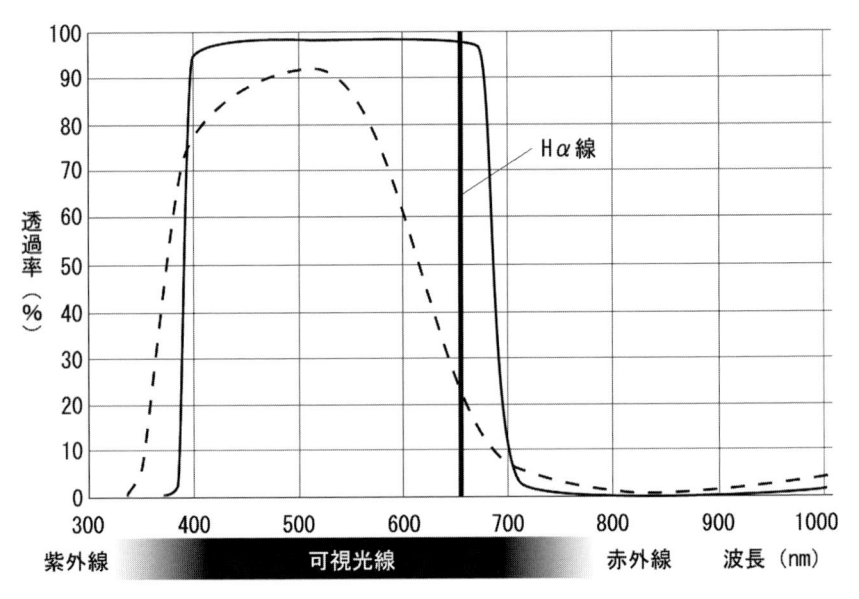

破線は改造していない一般的なデジタルカメラの赤外カットフィルター，実線は換装改造に用いる天体用干渉フィルターの透過特性です．通常の赤外カットフィルターは，Hα線をほとんど通さないことがわかります．

赤外改造デジタルカメラの世界

赤外改造（赤外カットフィルター換装改造）とは

　一瞬の光しか見ていない人の目に対して，カメラは露出時間をかけて撮像素子に光を蓄積したり，感度を上げることによって赤い散光星雲を撮影することができる……はずですが，残念ながらデジタルカメラではなかなか赤く写りません．一般のデジタルカメラでは，人の目で見たような自然な発色に写るように可視光線だけが撮像素子に透過するようになっていて，赤外線を除去する赤外カットフィルターが撮像素子の前面に取り付けられているからです．これでは，赤く写るはずのHα線もカットしてしまい，赤い散光星雲がよく写りません．そこで，赤外改造デジタルカメラが登場することになるのです．

　赤外改造とは，撮像素子前面に取り付けられた赤外カットフィルターを取り外してしまう改造です．取り外した赤外カットフィルターから，クリアフィルターか天体用干渉フィルターに換装します．このとき，ピントの位置が変わらないように，換装するフィルターの厚さを同じにしています．

　天体用干渉フィルターとは，Hα線までを透過し，それより赤外側の波長はカットするフィルターです．赤外側をカットしないと，コントラストが低下したり，ピントが甘くなったりという弊害がおこるからです．赤外改造は，天体望遠鏡ショップなどで行っています．すでに改造を施したカメラボディの販売もされています．当然のことですが，カメラを改造するわけですから，カメラメーカーの保障は受けられなくなりますので注意が必要です．改造後に修理する場合には，無改造状態に戻して（取り外したフィルターを戻す）メーカーに出すことになります．

デジタル一眼レフに内蔵されている赤外カットフィルターが組み込まれた枠の一例．赤外改造は枠ごと天体用干渉フィルターに交換するため，センサークリーニング機能が使えなくなります．

無改造デジタルカメラと赤外改造デジタルカメラ

　無改造カメラとHα線を透過するようにした赤外改造カメラ，それぞれで撮影した天体画像の比較です．赤外改造カメラでは赤い散光星雲がよく写ります．ただ，やはり散光星雲は淡く暗いものが多いため，街明かりから遠く離れた夜空のかなり暗いところでないと綺麗に写りません．また，空の透明度がよいことも美しく撮れるかどうかに大きくかかわってきます．山中など，空の条件のよいところで狙ってみましょう．

　赤外改造カメラの発色についての注意点ですが，改造カメラで撮影した写真は赤っぽく写ります．したがって，一般撮影でのオートホワイトバランスは使えません．マニュアルホワイトバランスに設定して，昼の太陽光の下で白い紙などを写した画像をホワイトバランスデータとして使用すると，自然な色合いになります．もしくは，撮影当夜に写した星空の画像でも人工灯火の影響がなければ使えることもあります．いずれにしても，RAW形式で撮影しておけば，RAW現像のときにホワイトバランス調整ができ安心です．

赤外改造デジカメはマニュアルホワイトバランスで．

改造していないノーマルデジタルカメラでオリオン座の三ツ星付近を撮影．明るいオリオン大星雲はよく写りますが，三ツ星の一番左の星の真下にある淡い馬頭星雲ははっきりしません．

赤外改造デジタルカメラでオリオン座の三ツ星付近を撮影．オリオン大星雲はカラーで見ると赤く写っています．馬頭星雲がよくわかります．

赤外改造デジタルカメラの世界

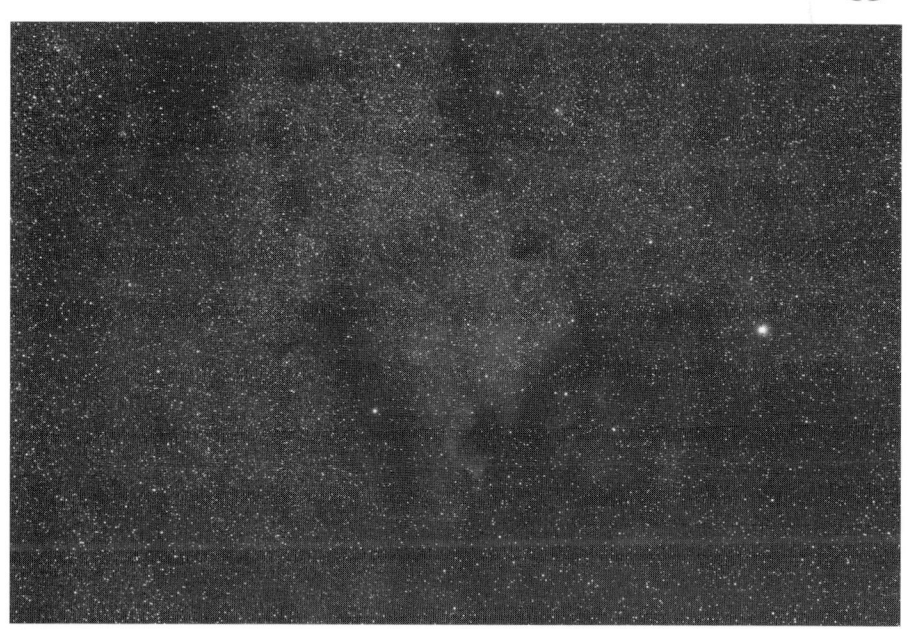

改造していないノーマルデジタルカメラで，北アメリカ星雲を撮影．
入り組んだ暗黒帯で，北アメリカの形はわかりますが，カラーで見てもあまり赤く写っていません．

赤外改造デジタルカメラで，北アメリカ星雲を撮影．
北アメリカ大陸の形に赤く写りました．右となりにあるペリカン星雲もわかります．

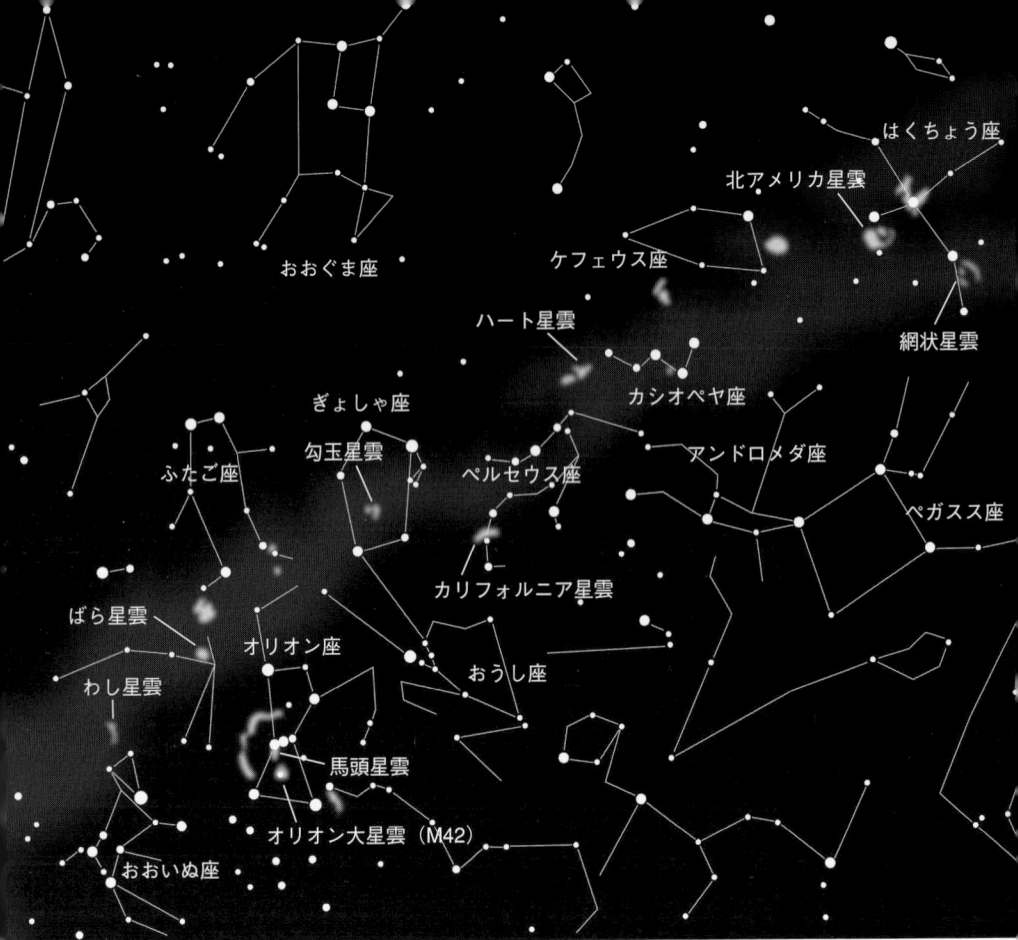

散光星雲は白っぽく描いてあります．それぞれの特徴的な形が星雲のニックネームになっていて，おもしろいです．

散光星雲の分布

　散光星雲は天の川の中のあちらこちらに点在しています．ここでは，はくちょう座からおおいぬ座に分布する散光星雲を星図に記しました．この中で，有名な比較的撮影しやすい散光星雲としては，はくちょう座の北アメリカ星雲（NGC7000），ペルセウス座のカリフォルニア星雲（NGC1499），オリオン座のオリオン大星雲（M42），いっかくじゅう座のばら星雲（NGC2237）などがあります．

　この他にも，夏の天の川の中にも明るく大型の散光星雲がいくつもあります．68ページで紹介している『星雲星団ベストガイド』や『星雲星団ウォッチング』には，散光星雲の写真や見つけ方，明るいものは双眼鏡や望遠鏡による見え方についても詳しく書かれていますので，撮影の手引きとしてぜひご活用ください．

半手持ち撮影で手軽に星空を写そう

■デジタルカメラの高感度化は，暗くて淡い，とても写しにくい星空という対象を短い露出時間で写せるようになっただけでなく，最新の超高感度デジタル一眼レフでは，天の川を半手持ちで撮影できるようになってきました．その撮影方法を紹介します．

半手持ち撮影．西オーストラリア州にて．キヤノンEOS 6D．キヤノンEF24-105mmF4→24mmF4．1秒露出．ISO102400．2コマコンポジット．

📷 星空が半手持ちで写せる最新デジタル一眼レフ

　この章では，夏の天の川の撮影を三脚を使わない半手持ちで行う方法を紹介します．夏の天の川は，冬の天の川より明るいですが，都市部では，街明かりにかき消されて見ることができません．街から離れた山間地などの空が暗いところへ行かないと，撮影ができない淡い対象です．したがって，星座など星の並びを撮影するときよりも，はるかに露出時間を長くするか，ISO感度を高くする必要があります．半手持ちで撮影するには，手ブレをおこさないよう露出時間（シャッター速度）を短くしなければなりませんから，必然的にISO感度を高く設定することになります．

　デジタルカメラの邁進する高感度化には，目を見張るものがありますが，その高感度に「超」がつく超高感度デジタル一眼レフカメラが登場してきています．その超高感度の恩恵を授かり，最近のデジタル一眼レフは，本書のメインテーマである「超固定撮影」法のように簡便な星空撮影を実現してくれます．「超固定撮影」法では，それぞれのカメラの最高感度性能の違いにもよりますが，ISO感度25600程度を画質を鑑みて主に使用します．しかし，ここで紹介する半手持ち撮影では，常用高感度を超える「感度拡張（増感）」を使います．

半手持ち撮影による夏の天の川．愛知県茶臼山にて．キヤノンEOS 6D．キヤノンEF24-105mmF4 →24mmF4．1秒露出．ISO102400．7コマコンポジット．

半手持ち撮影で手軽に星空を写そう

たとえば，キヤノンEOS 6Dでは，拡張ISO感度として，ISO51200相当とISO102400相当が使用できます．感度拡張してまで感度を上げるとノイジーな写真になり，画質のよい「作品」としての価値は下がるかもしれませんが，天の川の撮影が半手持ちでできるようになったことには驚かされます．将来は，完全な手持ち撮影もできるようになるのではないでしょうか．

また，ノイズが多くあまり美しくない写真でも，パソコンによる多数コマコンポジットにより，ある程度は画質を改善することができます．

三脚を使わない撮影方法

感度拡張（増感）設定で万単位のISO感度にしたとしても，天の川を写し撮るためには，手ブレを生じないシャッター速度，例えば広角レンズ使用時の1/15秒とか1/30秒では，天の川は写りません．もっとシャッター速度を遅くしなければならず，F値の小さいとても明るいレンズでも1/4秒くらいは必要です．したがって，完全な手持ちというわけにはいかず，手ブレを防止するために，手摺，テーブルなどや，車であればボンネットやルーフなど何か支えになるものを利用して，半手持ち状態で撮影します．

半手持ちができると，三脚がない，あるいは使用できないときや，とっさのときのちょっとした撮影をしたいときなど機動的に対応できます．半手持ち撮影は，とりあえず記憶の補助的な役割で撮っておこうとか，旅の思い出にといった軽い撮影方法でもあります．

超高感度デジタル一眼に，F値の小さい明るい広角レンズや手ブレ補正機能を備えたレンズを装着します．

半手持ち撮影では，車のルーフなどを利用してしっかり構えます．

📷 F値の小さい明るい広角レンズを使う

　やはり，半手持ち撮影では手ブレをおこさないようになるべくシャッター速度を速くしたいわけですが，カメラレンズのF値が暗い場合には，シャッター速度を遅くせざるを得なくなります．したがって，なるべく速いシャッターを切るためには，明るい開放F値のレンズが有利になります．できれば，F2より明るいレンズがあると手ブレのない写真を撮るための成功率が上がります．

　また，レンズの焦点距離が長くなればなるほど手ブレによる失敗の可能性や頻度は高まりますから，焦点距離の短い広角レンズを使います．半手持ち撮影において，なんとか手ブレの頻度を少なくできる焦点距離は24mmくらいまでで，それより短いレンズが有利になります．

　手ブレ補正機能を備えたレンズも有効です．一般的に焦点距離を分母としたシャッター速度より遅くなると手ブレがおこりやすくなるといわれています．つまり，焦点距離24mmのレンズなら1/24秒となりますので，それより遅いシャッター速度での手持ち撮影では，手ブレの可能性が高まりますが，たとえば，手ブレ補正効果が3段の24mmレンズの場合には，1/3秒（0.3秒）くらいまでは手ブレのない撮影が可能ということになります（これもしっかりカメラを構えないといけませんが）．ただ，手ブレ補正機能をもった広角系の明るいレンズが発売されていないことが残念です．一般撮影においては，手ブレのおきにくい広角レンズで，手ブレ補正機能の必要性はあまりないとメーカーに判断されてもいたしかたないことではあります．

　カメラボディ内手ブレ補正機能を持ったカメラもあります．こちらはレンズを選びませんので，なるべくF値の小さい明るいレンズを装着することによって，半手持ち撮影の成功率が上がることでしょう．

キヤノン
EF24mm F1.4レンズ

シグマ
24mm F1.8レンズ

ニッコール
24mm F2レンズ

キヤノン
EF24-105mm F4
手ブレ補正機能付きレンズ

半手持ち撮影で手軽に星空を写そう

📷 半手持ち撮影のカメラ設定

　ISO感度は，ISO51200相当あるいはISO102400相当といった常用高感度より高い「感度拡張（増感）」設定にします。カメラにそこまでのISO感度がないのでしたら，RAW画質で撮影して，後のRAW現像で感度を上げる方法もあります。たとえば，ISO25600が拡張あるいは増感感度として最上限の場合，撮影はこのISO感度で行い，RAW現像の明るさ調整（露出補正）で，1段上げればISO51200相当，2段上げればISO102400相当になるというわけです。

　絞りは，なるべく明るいレンズでF2より小さくしたいところですが，そのようなレンズがない場合には，F4前後のレンズでも手ブレ補正機能があると有効です。

　夏の天の川を描出できる標準的な露出は「ISO51200，F2，シャッター速度1/2（0.5）秒」が目安となります。シャッター速度を1/2秒より速くしたい場合にはもっと感度を上げるか，F値を小さくしないといけません。たとえシャッター速度がもう少し速くできたとしても，手ブレ防止のためにしっかり支えて構えることは必須です。

　ブレのない写真を確実に得るためには，連続撮影モードにして数コマ撮影した画像の中からよいものを選択するようにします。この方法は，1コマ撮影を何回か繰り返すよりも歩留まりが上がる可能性が高まります。

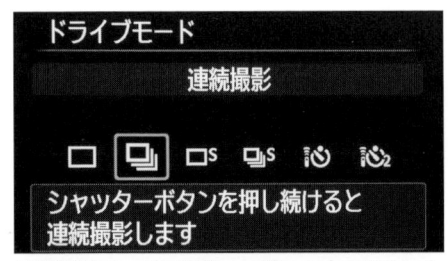

連続撮影モードで複数コマ撮った中からよいものを選びます。

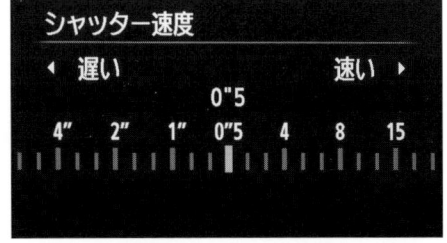

シャッター速度は1/2（0.5）秒前後にします。

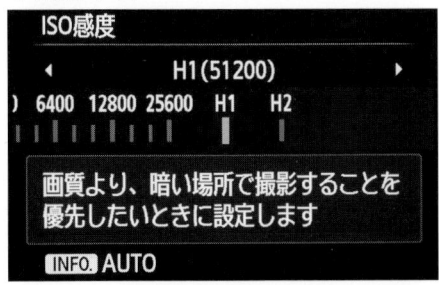

ISO感度は「感度拡張（増感）」設定にします。

手ブレ補正機能があるレンズは半手持ち撮影に有効です。

📷 半手持ちによる夏の天の川撮影の露出例
24mm F1.4 明るい広角レンズ（手ブレ補正機能なし）
キヤノンEF24mm F1.4L USM＋キヤノンEOS 6D

ISO51200，F2，1/2（0.5）秒露出

ISO51200，F1.4，1/2（0.5）秒露出

24mm F4 手ブレ補正機能付きレンズ
キヤノンEF24-105mm F4L IS USM（24mmF4で使用）＋キヤノンEOS 6D

ISO51200、F4、1秒露出

ISO102400、F4、1秒露出

📷 エントリーモデルで半手持ち撮影

　高感度化の波が打ち寄せて止まないデジタルカメラの世界では、エントリーモデルにも超高感度なのに画質のよい機種が登場してきています。常用高感度でISO12800、拡張（増感）感度でISO25600が可能なカメラもあります。

　これくらいの機種ですと、ISO6400まで上げても画質の粗れはそれほど大きくありません。星座を形作る明るい星々なら、1/4秒から1/2秒くらいのシャッター速度で、手ブレ補正レンズと組み合わせて、手持ち撮影が可能です。

　天の川の撮影であっても、先述（123ページ）のようにRAW画質で撮影して、後のRAW現像で感度を上げる方法を使えば、画質は相当粗くなってしまいますが、写し撮ることはできます。

南十字星．手持ち撮影．シンガポール・チャンギ空港にて．ニコンD5300．AF-S DX ニッコール18-55mm F3.5-5.6G VR II→31mmF4.2．1/2秒露出．ISO6400．

半手持ち撮影の天の川．西オーストラリア州にて．ニコンD5300．AF-S DX ニッコール35mm F1.8G．開放．1/2秒露出．ISO25600相当．ViewNX2にて＋1露出補正．

中古レンズの復活

■デジタル一眼レフカメラが一般に浸透するのと並行して，カメラレンズもデジタル対応となって，続々と新登場しています．ただ，そのような状況にあって，「使える」古いレンズも現役で活用されています．

📷 ちょっと古いカメラレンズを使う

　デジタルカメラでの使用において，古いカメラレンズはゴーストやフレアを生じることがあります．これは撮像素子の反射が主な原因ですが，デジタル対応レンズは，コーティングやレンズ設計の見直しによりこの問題の解決を図っています．

　ただ，古いカメラレンズが全部ダメかというとそうでもなく，中にはとてもよいレンズもあります．特に天体撮影の場合，無限遠でのシャープな星像を第一に求めます．周辺像のよさ，そして周辺減光の少なさも重要なポイントですが，これらは一絞り程度絞ることによって緩和できます．したがって，暗く淡い天体を撮影することにおいて有益なのは，F値の小さい明るいレンズを使用することです．たとえば，F2のレンズを1段絞ってF2.8としても，まだ絞り値としては明るく，天体撮影に十分使えます．また，天体は無限遠で撮影するので，オートフォーカスである必要はなく，マニュアルフォーカスのレンズで十分です．

　しかし，やはり古いカメラレンズには，銀塩フィルム時代には気がつかなかったような甘い星像や色収差など諸収差の目立つものもあります．また，レンズにクモリやカビが生じていたり，絞り機構がきちんと作動しないなど不具合をかかえているものもありますので，注意しなければなりません．

　最近発売のカメラレンズはズームレンズが一般的ですが，開放F値が4前後と星空の撮影に用いるには少々暗いものが多く，F値の小さい明るいレンズとなるととても高価です．そんな中，中古で明るい単焦点レンズを安価で入手したり，銀塩フィルム時代に使っていたレンズを復活させるというのもよいでしょう．

ニコンのマニュアルフォーカスレンズを，マウントアダプターを介してキヤノン EOS 6Dに装着．

中古レンズの復活

📷 明るいマニュアルフォーカスレンズ

　開放F値の小さい明るいレンズは星空撮影にたいへん有利です．中古であっても明るい広角レンズや望遠レンズとなると，安価とはいいがたい値の張るものもありますが，中古市場やネットオークションでは現行の同等レンズより安く入手できます．発売当時，多数販売された標準レンズや，オートフォーカス以前のマニュアルフォーカスレンズも安価で売られています．ここでは，星空撮影向けの中古レンズの一例を紹介します．

Aiニッコール 35mm F1.4S

　F1.4という明るい開放F値は，星空の撮影に魅力的ですが，実際にF1.4で撮影すると星像は肥大し，周辺像も鳥が羽を広げたような同心円状に写って，使えるレベルではありません．しかし，F2に絞れば中心の星像はシャープにまとまり，周辺星像と周辺減光もかなり改善され，使用に耐えられる像になります．F2.8まで絞れば，もっとよくなりますので，通常はF2.8で使うのがよいでしょう．

キヤノンEOS 6D（赤外改造）．Aiニッコール35mm F1.4S→F2.8．15秒露出．ISO3200．固定撮影．

SMCタクマー 55mm F1.8

　このレンズは40年以上前にペンタックス（当時　旭光学工業）から発売されました．かつて銀塩カメラ時代に使っていて，まだ持っているという方も多いことでしょう．現在，中古市場でもとても安価で手に入れることができます．F1.8開放での使用は星像が甘くちょっときびしいですが，F2.8に絞ると周辺までシャープな星像を結び，周辺減光も改善されます．当時，天体撮影専用のシュミットカメラのような尖鋭像だと賞賛されました．

キヤノンEOS 6D（赤外改造）．SMCタクマー 55mm F1.8→F2.8．1分露出．ISO3200．ガイド撮影．フラット補正．

Aiニッコール * ED180mm F2.8S

　EDレンズ採用の望遠レンズです．色収差の他，諸収差がよく補正されていて，F2.8開放で天体の撮影に使えます．ただ，若干の色収差と周辺減光が残っているため，F4に絞れば，露出時間を長くしなければなりませんが，さらにシャープで周辺減光の目立たない画像を得ることができます．しっかりピントを合わせればF2.8でも星像はよいので，周辺減光はフラット補正（96ページで解説）で対処するのも方法です．

　レンズを上に向けるとピントがズレてしまうので，ピントリングはテープで止めましょう．

キヤノンEOS 6D（赤外改造）．Aiニッコール * ED180mm F2.8S．1分露出．ISO3200．ガイド撮影．フラット補正．

📷 マウントアダプターで他社製レンズを取り付ける

　違うメーカーのカメラレンズをマウントアダプターで変換することにより取り付けることができます．デジタル一眼レフやミラーレス一眼に，マウントアダプターを介して他社製のレンズを装着することによって撮影を楽しむ人が増えています．

　カメラレンズは同一メーカー（同一マウント）のカメラボディにしか使用できないという従来の制約がなくなり，いろいろなメーカーのレンズが使えるとなると，趣味としてのおもしろさが広がります．また，カメラボディを変更した場合でも，これまでお気に入りだった他社製レンズが使えたりして有益です．

　キヤノンEOSシリーズの一眼レフボディは，マウントが大きくフランジバックも短いため，マウントアダプターを仲介して，多くの他社製レンズを取り付けることが可能です．天体写真に向く優れたレンズが，メーカーに関係なく使えるのはうれしいことです．

　これに対して，ニコンFマウントの一眼レフボディはフランジバックが長いため，残念ながら一部の中判用レンズを除いて，他社製レンズを使うことができません．もし取り付けられたとしても，無限遠に焦点が合わないため天体撮影には使えないのです．しかし，優秀なニコン製レンズの方は，他社のカメラボディに取り付けて使用することができます．

　マウントアダプターは，いくつかのメーカーから多数販売されています．価格にも高いもの安いものいろいろあります．高価なものは安心して使えると考えてよいのですが，安価なものは，取り付けは普通にできても多少の難点が散見されるものもあります．

　中古レンズの多くは35mmフィルムカメラ（デジカメでは35mmフルサイズ）用ですが，APS-Cサイズのデジタル一眼レフボディにも取り付けができます．この場合，周辺像の悪化や周辺減光の見られる四隅がカットされるので，画角は狭くなりますが，レンズの難点が隠されます．

星空撮影のおもしろい表現方法

■デジカメによって星空が比較的容易に撮影できるようになりました．星空のある風景写真（星景写真）は，1コマを撮るために多くの時間を費やす必要がなくなったので，いろいろおもしろい撮影方法が可能です．そのいくつかを紹介しましょう．

📷 星空を連写して楽しむ

　短い露出時間で連続撮影した多数のコマをパソコンで比較明合成すれば、星の軌跡が表現できます。また、それらの連写した多数のコマを"パラパラマンガ"のように動画化して、タイムラプス動画として楽しむこともできます。

連続撮影方法

　まず試し撮りをして、適正な露出に設定しておきます。30秒以内の露出時間なら連続撮影モードを使い、リモートスイッチのレリーズボタンをロックして押しっぱなしにします。そして、10分後、20分後など任意の予定時間になったら、リモートスイッチのレリーズボタンのロックを解除します。基本的にはこれだけです。多くのカメラでは、30秒までしか露出時間の設定ができません。それを超える露出時間をかけたい場合には、タイマーリモートコントローラーを用意します。これは、30秒より長い露出時間の設定ができるほか、たとえばシャッター間隔を10秒空けるといったインターバル撮影もできます。カメラによってはインターバルタイマー撮影機能を持ったものもあります。

　長時間連続撮影すると、膨大なコマ数をメモリーカードに記録することになり、大きな容量を必要とします。RAWかJPEGかの画質によってファイルサイズが変わりますが、使用するメモリーカードの容量を1コマあたりのファイルサイズで割れば、おおよその撮影可能コマ数がわかります。また、露出時間（インターバル時間があればプラス）と撮影コマ数を掛ければ、総撮影時間が計算できます。

　星空の連続撮影はシャッター速度が遅い（露出時間が長い）ため、スポーツ撮影などのような連写能力を必要としませんが、それでもメモリーカードの書き込み速度が速いに越したことはありません。SDカードの場合には、スピードクラスの表記がありますが、できればclass10を使用しましょう。

リモートスイッチ。ブレ防止の他、連続撮影時にレリーズボタンをロックするために必要です。

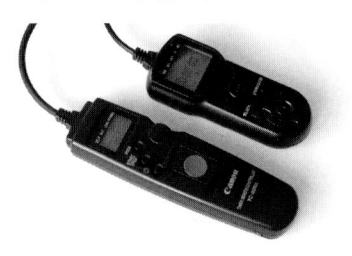

タイマーリモートコントローラー。インターバル撮影ができます。

メモリーカード各種。連続撮影では書き込み速度の速いものを使用しましょう。

星空撮影のおもしろい表現方法

比較明合成

　長時間露出で星の軌跡を写すことは，夜空の暗い場所では難しくありません．しかし，夜空の明るい場所や，明るい物に露出を合わせたいために露出時間を長くできない場合には，長い星の軌跡を写すことはできません．こんなときに，「比較明合成」という方法で星空の光跡を表現することができます．

　ただし撮影後，パソコンでの画像処理プロセスを要します．連続撮影した何コマもの画像を「比較明合成」ができるソフトで画像合成するのです．たとえば，10秒露出した画像を60コマ比較明合成すれば，600秒（10分）露出したのと同じ長さの星の軌跡になります．比較明合成をする場合には，連続する星と星の軌跡に隙間ができないように，インターバルの時間を空けないようにします．

　「比較明合成」とは，コマ間の明るく写っている方を合成する方法で，夜空の暗い部分と星の光跡とを比較した場合，明るい星の方だけを描出するので，合成しただけ星の光跡が日周運動で長くなっていきます．

　合成は，天体画像処理ソフト「ステライメージ」（アストロアーツ）や，フォトレタッチソフト「フォトショップ」（アドビ）などで比較明合成ができます．ステライメージには，バッチ-コンポジットで多数コマを自動的に合成してくれる機能を搭載しています．他には「SiriusComp」というフリーソフトがおすすめです．ただ残念なことに，2014年6月の時点ではWindows 8に対応していません．

195コマを比較明合成．キヤノンEOS 6D．キヤノンEF24-105mm F4→24mm F4．10秒露出．ISO2500．

タイムラプス動画

　星空を連写した多数コマ画像は，動画（アニメーション）化素材としても利用できます．数十分あるいは何時間も連写した星空を数秒から数十秒の動画にすると，日周運動によりふだん止まっているかのようにゆっくりと（見かけ上）動いている星が，ハイスピードで移動していくさまは圧巻で，通常，星の写真撮影のときには邪魔者扱いされる雲でさえ，ダイナミックな動きでおもしろさが倍増します．

　たとえば，20秒露出で1時間連続撮影を行うと，180コマの画像がメモリーカードに記録されます．この180コマを15コマ／秒で動画にすると，1時間が12秒に短縮されたタイムラプス動画ができあがるというわけです．

　タイムラプス動画では，比較明合成のようにインターバル撮影をしてはいけないということはありません．たとえば露出と露出の間が10秒程度の間隔ならば，動画にした場合に連続感は損なわれません．

　長時間の動画を作成したい場合には，メモリーカードに大きな容量が必要なことはもちろんのこと，バッテリーの持ちも重要で，バッテリーグリップや外部電源を使用することも方法です．

　タイムラプス撮影はカメラを三脚に固定するだけでできますが，ガイドレールを伝ってカメラが動く電動式のドリーに載せてタイムラプス撮影をすると，日周運動で移動する星空だけでなく，周りの風景にも動きをつけることができて，臨場感あふれる動画になります．特に草木などの近景を入れると効果が増します．ドリーは

タイムラプス動画の再生画面．

星空撮影のおもしろい表現方法

大掛かりな装置になるので，コンパクト赤道儀を利用する方法もあります．ただし，動かせるのは回転方向だけです．コンパクト赤道儀の中には，回転速度を変えられるタイムラプスモードを備えたものもあります．

　カメラ設定での注意点をひとつ．ホワイトバランスはなるべくオートにしないことです．オートに設定していると，車のヘッドライトなど急な光の入射があると色調が変化する場合があるからです．画像処理で融通の利きにくいJPEG画質では，修正が難しくなります．任意のホワイトバランスにマニュアル設定するか，ファイルサイズが大きくなりますが，RAW画質で撮影しましょう．

　タイムラプス動画は，比較明合成のフリーソフト「SiriusComp」で簡単に制作できます．比較明合成をする際に「動画をついでに作成する」にチェックするだけです．もっと本格的なものを作るためには，ビデオ編集ソフトが必要になります．

　出来上がったタイムラプス動画は，メディアプレーヤーなどの動画再生ソフトで楽しみます．また，YouTubeなどの動画共有サイトにアップすれば，自分の作った作品を世界中の人に見てもらうことができます．ちなみに筆者のタイムラプス動画の一部が，https://www.youtube.com/user/TanikawaPlannet にありますので，ご参考までにご覧ください．

オーロラの連続写真．動きの大きなオーロラはタイムラプスにうってつけです．

📷 星空をバックに接写する

　ピントは無限遠に合わせるというのが星空撮影の基本です．このため写野の中に写り込んだ近景はボケてしまいます．しかもなるべく多くの光を集めるために絞りを開けるので，被写界深度が浅くなり，よけい近くのものにピントが合うことは絶望的です．そのため，思い描いたような星空と近景両方にフォーカスされた写真は撮れないと，半ば固定概念化していました．

　通常，星の写真は数十秒以上の露出をかけます．その間にピントリングを回すチャンスはあるのですが，ピンボケ状態の星が写り，ピント位置が変わることによって像の大きさも変化し，星が放射状に写ってしまうというあまり好ましくない写真になってしまいます．

　ところが，何年か前からインターネットのウェブサイト上に，星空とともに植物を接写している写真を見るようになりました．なんとその写真は，花などの近景と星空どちらにもピントが合っています．どのように撮影するのかを思案していると，ピントだけでなく絞りも操作していることを知りました．これには目からウロコでした．絞ることによって，接写中には星が写らないようにしようという方法です．

　この撮影法の考案者は宮坂雅博さんと小松由利江さんで，「露光中ピント絞り可変法」と呼ばれています．お二人のすばらしい星空写真を，以下のURLで見ることができます．

https://www.flickr.com/photos/43894176@N07/

星空をバックに花を接写した近接星空撮影．キヤノンEOS 6D．シグマ24mm F1.8→F16〜2.8. 30秒露出（ピント絞り可変）．ISO1600. ソフトフィルター使用．LEDライト照射．

近接星空写真（カラー111ページ参照）

　通常，近景から遠景まで距離幅を広く撮影するためには，被写界深度が深くピントの合う範囲が広い魚眼レンズや超広角レンズが有利ですが，近接星空撮影では，近景と無限遠両方にピントが合うようピントリングをマニュアル操作しますので，レンズの焦点距離を選びません．ただ，なるべく広角の方が，星空を広く撮ることができて扱いやすいでしょう．

　レンズについての必須ポイントがひとつあります．絞りリングを備えていることです．最近のカメラレンズの中にはこの絞りリングがなく，カメラボディ側から設定するタイプのものがあり，注意が必要です．いったんシャッターを開けて露出を始めてしまうと，カメラボディ側から絞り値を変える操作はできませんので，この撮影方法には向かないことになります．

　星空撮影をしている暗闇の中で，接写時と無限遠時のピント位置を変える操作をしなければなりません．そこで，無限遠のピント位置が手触りでもわかるようなレバー状の指標を，レンズに貼り付けました（次ページの写真）．ピントリングを回しきった位置で無限遠になるレンズならば，その必要はありませんが，オートフォーカスのできるレンズは無限遠位置から少し回りすぎるので，このような指標が必要になります．

「露光中ピント絞り可変法」では，絞りリングのあるレンズでなければなりません．

星空を撮影するためにピントを無限遠にすると，近くの花はボケてしまいます．

<撮影手順>
① 接写対象となる花などにピントを合わせます．
② 絞りをF22などレンズの最小絞りにします．
③ リモートスイッチのレリーズボタンを押して露出を開始すると同時に，接写対象に小型のLEDライトなどで数秒間照射します．
④ ピントリングを回して無限遠にします．
⑤ 絞りリングを回してF2.8などに開けます．
⑥ 適正な露出時間が経過したらシャッターを閉じます．

撮影の留意点

　②から⑤の手順を逆にしてもかまいません．先に絞りを開けて星空を撮り，次に絞ってピントを変えて接写するのです（宮坂雅博さんと小松由利江さんは，こちらの方法で撮影されています）．このときピントリングの指標は無限遠ではなく，接写時の位置にしておきます．ピントリングを操作するときは，絞っている状態で行います．絞りを開けた状態で接写をしてしまうと，ボケた星がはっきりと写ってしまうからです．

暗闇でのピントリング操作のための指標．蓄光シールも貼ってあります．

　高感度設定している場合には，接写中のライト照射は少々で足ります．LEDライト使用の場合には，暖色系の色セロファンをかぶせるのも方法でしょう．

　接写中は最小絞りにしますが，僅かな露出時間でも明るい星が写ってしまうことがあります．特に画角の周辺にいくほど，ピント位置による像の大きさの変化により写る可能性が高くなります．よって，接写中の露出はなるべく短く終えたいところです．手間が増えますが，接写中だけNDフィルターで減光する方法もあります．

　接写対象が花の場合，風があると揺れてしまってブレて写ります．これを防ぐために無風待ちということもあります．

　ライトを点けるという行為は，星空を撮影したり見たりする場合において，他に撮影者や観察者がその場に居合わせたときには，なるべく控えなければなりません．自己中心的な照明が他の人に迷惑をかけたり，不快感を与えてしまうことになりかねません．撮影前に必ず声をかけ合い，了解をいただくようにしましょう．

星空撮影のおもしろい表現方法

円周魚眼レンズで星空撮影

360°全方位パノラマ写真（カラー112ページ参照）

円周魚眼レンズを使えば、全方位パノラマ写真を制作することができます。上下左右360度すべてが写り込んだ写真で、通常の写真とは一味違った不思議な世界ができあがります。

＜全方位パノラマ写真の制作方法＞

円周魚眼レンズで水平を維持しながら、360度回転して撮影します。

パノラマ写真を制作するには、Hugin（ハグイン）というフリーソフトがあります。写真ごとに写っている隣接したポイントを選択してやると、自動的に合成して全方位パノラマ写真を作ってくれます。この全方位パノラマ写真の投影法を正距円筒図法と呼び、QTVR（クイックタイムバーチャルリアリティ）化することにより、マウス操作でグリグリと見渡すことができます。QTVR化はPanoCubeというフリーソフトでできます。

QTVR画面。クイックタイムで360°全方位を見ることができます。

正距円筒図法という投影法による360°全方位パノラマ写真。モルディブにて。

おわりに

　地人書館編集部の飯塚氏から、「デジカメの高感度化が目覚しく進んでいる昨今、デジカメの感度を目いっぱいに上げ、露出時間を短くして、星空を何コマか撮影し、それをコンポジットすれば、固定撮影でも望遠レンズで星雲星団が撮れるのではないか？」という趣旨の発言を受けました。それは今から1年半程前の冬のことです。

　ISO3200くらいの高感度設定にし、数十秒の短い露出時間で広角レンズを使用した固定撮影は、普通に行われるようになっています。ただ星雲星団は、カメラを赤道儀に載せて長時間ガイド撮影をすることが当たり前で、それが規定事項になっていた私には、固定撮影で星雲星団を撮るという話には不意を打たれた気持ちでした。

　半信半疑ながら、最高常用感度がISO25600にも達したキヤノンEOS 6Dに200mm望遠レンズを取り付けてM42などをテスト撮影し、コンポジット処理を施したところ、何とか行けそうな感触を得ました。テストを重ね、撮影法やコンポジット法が確立してくると、季節ごとのいろいろな天体の撮影に夢中になりました。とても手軽な撮影方法にもかかわらず、赤道儀使用に匹敵するような写真が出来上がるからです。

　この撮影法は、当初「超高感度 超短時間露出 固定撮影」と呼んでいましたが、あまりにも長く、そのまま単語を並べただけなので、何かいいネーミングはないものかと思案していましたら、浅田英夫氏の一言「超固定撮影」で即決しました。"固定撮影を超える固定撮影"。この撮影法の全てを含んでいるいい名前だと直感しました。

　本書執筆中の5月に、ソニーからISO409600が可能になったミラーレス一眼α7Sが発表されました。ISO感度のケタが増えすぎて、数字だけを追っていてもピンとこなくなってきた感がありますが、将来的にもっと増加傾向にあることを考えると、ISOデノミ？を敢行するときが来るかもしれません。ISO感度がさらに上がることは、星の写真を趣味としている者にとっては、たいへん喜ばしいことであります。デジタルカメラの進化にともなって、「超固定撮影」も発展していくのかもしれません。

　最後になりましたが、本書を制作するにあたって、「超固定撮影」の名付け親である浅田英夫氏には、多大なるご協力をいただきました。また、撮影に協力してくださった、キヤノンマーケティングジャパン株式会社、株式会社ニコンイメージングジャパン、スターベース名古屋店、髙田正好氏、加藤久司氏、加藤 智氏に心よりお礼申し上げます。また、「超固定撮影」の発案者でもある飯塚氏と地人書館スタッフの皆様、レイアウトを担当してくださった久藤氏に深く感謝いたします。

2014年6月　谷川正夫

デジタル一眼と三脚だけでここまで写る！
驚きの星空撮影法

2014年7月10日　初版第1刷	郵便振替　00160-6-1532
2014年8月20日　初版第2刷	E-mail：chijinshokan@nifty.com
2017年3月20日　初版第3刷	URL：http://www.chijinshokan.co.jp
著　者　谷川正夫	
発行者　上條　宰	印刷所　モリモト印刷
発行所　株式会社地人書館	製本所　イマヰ製本
〒162-0835　東京都新宿区中町15	©2014 by M.Tanikawa
TEL 03-3235-4422	Printed in Japan
FAX 03-3235-8984	ISBN978-4-8052-0876-2　C0044

JCOPY 〈(社) 出版者著作権管理機構　委託出版物〉

本書の無断複写は，著作権法上での例外を除き，禁じられています。複写される場合は，そのつど事前に(社) 出版者著作権管理機構 (TEL 03-3513-6969，FAX 03-3513-6979，e-mail：info@jcopy.or.jp)の許諾を得てください。また，本書を代行業者等の第三者に依頼してスキャンやデジタル化することは，たとえ個人や家庭内での利用であっても一切認められておりません。

地人書館の天文書

誰でも写せる星の写真
―携帯・デジカメ天体撮影―
谷川正夫 著／A5判／144頁／本体1800円（税別）
ISBN978-4-8052-0833-5

本書は初心者向けに天体の撮影法を解説した本である．使用するカメラも，今や多くの人が持っているカメラ付携帯やコンパクトデジカメ，安価なデジタル一眼レフに限定し，最も簡単な手持ち撮影から三脚を使った固定撮影，望遠鏡を使った拡大撮影まで紹介．誰もが気軽に夕焼けや朝焼けの空に浮かぶ月・惑星や，月面・惑星のアップ，星空を写すための方法を解説する．

誰でも使える天体望遠鏡
―あなたを星空へいざなう―
浅田英夫 著／A5判／144頁／本体1800円（税別）
ISBN978-4-8052-0835-9

本書は初心者向けに天体望遠鏡の選び方と使い方を解説した本である．取り上げる望遠鏡も，主に大手カメラ量販店や望遠鏡ショップなどで入手できる安価な口径8cmクラスの屈折経緯台に限定．特に望遠鏡の選び方に重点を置いて解説し，失敗しない望遠鏡の買い方や，望遠鏡の組み立て方，望遠鏡で気軽に月・惑星や太陽面，明るい星雲星団を観望するための方法を解説する．

誰でも探せる星座
―1等星からたどる―
浅田英夫 著／A5判／144頁／本体1800円（税別）
ISBN978-4-8052-0840-3

本書は，実際に星空を見上げて星座を見つけるのは初めてというまったくの初心者向けに，やさしい星座の探し方を解説した本である．探し方も，誰でも見つけやすい1等星を持つ星座から，まわりにある星座を見つけていくというユニークな方法をとったことが大きな特徴だ．また，星座の市街地での見え方と山間地での見え方の違いを図示したのも，類書にはない特徴といえる．

誰でも見つかる南十字星
―南天の星空ガイド―
谷川正夫 著／A5判／144頁／本体1800円（税別）
ISBN978-4-8052-0847-2

本書は，日本では沖縄以南，海外ではハワイ以南の島々や南半球の国々を旅行する人向けに，有名な南十字星の見つけ方を解説した本である．南十字星を見たいと思う人は大変多いが，初めて南の島や南半球の国を旅行する人にとって，南十字星は意外と見つけにくいもの．そこで本書では，島別，国別にわかりやすくシミュレーションした星図付きで，南十字星の簡単な見つけ方をガイドする．

●ご注文は全国の書店，あるいは直接小社まで（価格は消費税別）

(株)地人書館

〒162-0835 東京都 新宿区 中町 15番地
Tel.03-3235-4422　　Fax.03-3235-8984
E-mail：chijinshokan@nifty.com　　URL：http://www.chijinshokan.co.jp